机械基础实验教程

崔玉霞　主　编
刘　峰　副主编

化学工业出版社

·北京·

内 容 简 介

本书按照高等工科院校机械类本科学生的培养计划，根据机械基础实验课程教学的基本要求编写而成。

本书共分七章，内容涵盖材料力学实验、机械原理实验、互换性与技术测量实验、工程材料与机械制造基础实验、机械设计实验、应力分析实验和机械创新综合设计实验。

全书将实验分为验证性、综合性和设计性三大类，各章节的实验之间既相对独立、又相互联系，在学生掌握理论知识的基础上，加强对他们的动手能力和分析问题、解决问题以及创新能力的培养。

本教材可供高等工科院校机械类专业的学生做基本实验使用，也可供大、中专院校相关专业人员参考使用。

图书在版编目（CIP）数据

机械基础实验教程/崔玉霞主编；刘峰副主编 . —北京：化学工业出版社，2022.9
ISBN 978-7-122-41838-8

Ⅰ.①机… Ⅱ.①崔…②刘… Ⅲ.①机械学-实验-高等学校-教材 Ⅳ.①TH11-33

中国版本图书馆 CIP 数据核字（2022）第 124740 号

责任编辑：黄　滢　张燕文　　　　　　　　　装帧设计：刘丽华
责任校对：宋　玮

出版发行：化学工业出版社（北京市东城区青年湖南街 13 号　邮政编码 100011）
印　　刷：三河市航远印刷有限公司
装　　订：三河市宇新装订厂
787mm×1092mm　1/16　印张 14　字数 373 千字　　2023 年 1 月北京第 1 版第 1 次印刷

购书咨询：010-64518888　　　　　　　　　　售后服务：010-64518899
网　　址：http://www.cip.com.cn
凡购买本书，如有缺损质量问题，本社销售中心负责调换。

定　　价：59.00 元　　　　　　　　　　　　　版权所有　违者必究

前　言

本书按照高等工科院校机械类本科学生培养计划，结合高等学校新工科建设和工程认证理念，根据机械基础实验课程教学的基本要求编写而成。本书内容涵盖了材料力学、机械原理、互换性与技术测量、工程材料与机械制造基础、机械设计、实验应力分析、机械创新设计等课程相应的基本实验。

全书共编写实验项目62个，其中材料力学实验9个，机械原理实验8个，互换性与技术测量实验6个，工程材料与机械制造基础实验6个，机械设计实验7个，应力分析实验13个，机械创新综合设计实验13个。

本教材将实验分为验证性、综合性和设计性三大类，注重对学生的动手能力、分析问题和解决问题的能力的培养，使学生在实验方案制定、数据采集与分析等各方面得到锻炼，培养学生掌握常见测量工具、分析仪器的原理和使用方法，以使他们在掌握理论知识和科学方法的基础上，具备一定的工程实践能力和创新能力。

本教材可供高等工科院校机械类专业的学生实验使用，也可供大、中专院校其他相关专业使用。

本书由青岛科技大学组织编写，崔玉霞担任主编，刘峰担任副主编，黄靖、尹俊华、白杨、薛娟参加了教材的编写工作。全书由崔玉霞统稿，金增平主审。

本书在编写过程中参考了一些教材和实验设备生产商的使用说明书，在参考文献中未能一一列出，在此一并向这些文献的作者表示诚挚的谢意。

由于编者水平所限，书中难免有疏漏和不足之处，恳请广大读者批评指正。

编者

目　录

第七章　机械创新综合设计实验 ············ **143**

附录 ············ **178**

参考文献 ············ **217**

第一章　材料力学实验

实验名称：弹性模量 E 的测定

实验编号：0101　　　　　　　相关课程：材料力学
实验类别：验证性　　　　　　适用专业：机械类各专业
实验性质：必开

一、实验目的
① 测定低碳钢的弹性模量 E，并验证胡克定律。
② 掌握电测法的基本原理。

二、实验装置和仪器
① 游标卡尺。
② 电阻应变仪。
③ 多功能材料力学试验机（使用方法详见附录三）。

三、实验原理
材料在弹性阶段服从胡克定律，即

$$E = \frac{\sigma}{\varepsilon}$$

若已知载荷 P 和试件横截面面积 A，只要测得试件表面轴向应变 ε_p 就可得

$$E = \frac{P}{A\varepsilon_p} \tag{1-1}$$

式中，P 为轴向拉力；A 为试件横截面面积；ε_p 为试件表面轴向应变。

为了验证胡克定律和消除测量中可能产生的误差，对试件采用增量法逐级增加同样大小的拉力 ΔP，相应地由应变仪测得轴向应变增量 $\Delta\varepsilon_p$。如果每一级拉力增量 ΔP 所引起的轴向应变增量 $\Delta\varepsilon_p$ 基本相等，这就验证了胡克定律。

利用增量法进行实验时，还能判断实验有无错误，因为若发现各次的应变增量不按一定规律变化，就说明实验工作有问题，应进行检查。

电测法的基本原理详见附录四。

四、实验试件
实验采用圆柱体铣平试件，试件形状及尺寸如图 1-1 所示，沿着试件轴向粘贴应变片。

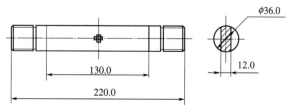

图 1-1　弹性模量试件

五、实验步骤

① 用游标卡尺测量试件中间的截面尺寸。

② 将试件安装在试验机上、下夹头之间。

③ 按照 YDD-1 型多功能材料力学试验机使用说明，接通数据处理仪的电源，把测点的应变片和温度补偿片按半桥接线法接在数据处理仪上。

④ 拟定加载方案。从零载荷起，慢慢地加载到加载方案确定的上限值。试验时，为了消除试验机机构之间的空隙，必须施加一定的初载荷，自初载荷开始，逐级加载，测量变形值。在 2～10kN 的范围内分四级进行加载，每级的拉力增量 $\Delta P = 2$kN。

⑤ 测读对应载荷时工作片的应变值，计算出应变增量，将平均值代入式(1-1) 计算求出 E。

六、思考题

① 试件的尺寸和形状对测定材料的弹性模量 E 有无影响？

② 为何沿试件的纵向轴线两面贴两个电阻应变片？

七、实验报告要求

① 按照实验目的，根据所测材料的参数计算结果，并将实验值与理论值进行比较。

② 完成上述思考题。

实验名称：拉伸实验

实验编号：0102	相关课程：材料力学
实验类别：验证性	适用专业：机械类各专业
实验性质：必开	

一、实验目的

① 了解试验设备——多功能材料力学试验机的构造和工作原理，掌握其操作规程及使用时的注意事项。

② 测定低碳钢的屈服极限 σ_s、强度极限 σ_b、延伸率 δ、断面收缩率 ψ。

③ 测定灰铸铁拉伸的强度极限 σ_b。

④ 观察低碳钢和灰铸铁在拉伸过程中的各种现象，并绘制拉伸图（P-Δl 曲线）。

⑤ 比较低碳钢（塑性材料）与灰铸铁（脆性材料）拉伸时的力学性能，分析其拉伸破坏的原因。

二、实验装置和仪器

① 游标卡尺。

② 多功能材料力学试验机。

三、实验原理

① 为了检验低碳钢拉伸时的力学性能，应使试件轴向受拉直至断裂，在拉伸过程中以及试件断裂后，测读出必要的特征数据（如 P_s、P_b、l_1、d_1）经过计算，便可得到表示材料力学性能的指标 σ_s、σ_b、δ、ψ。

② 灰铸铁属脆性材料，轴向拉伸时，在变形很小的情况下就断裂，故一般测定其抗拉强度极限 σ_b。

四、实验试件

试件如图 1-2 所示。

夹持部分用来装入试验机夹具中以便夹紧试件，过渡部分用来保证标距部分能均匀受力，这两部分的形状和尺寸，决定于试件的截面形状和尺寸以及机器夹具类型。

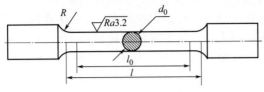

图 1-2　圆形截面试件

l_0 是待试部分，也是试件的主体，其长度通常简称为标距，也称为计算长度。

试件的尺寸和形状对材料的塑性影响很大。为了能正确地比较各种材料的力学性能，国家对试件尺寸作了标准化规定（GB/T 6397、GB/T 228）。

拉伸试件分比例试件和非比例试件两种。比例试件按公式 $l_0 = K\sqrt{A_0}$ 计算而得。式中 l_0 为标距，A_0 为标距部分原始截面积，系数 K 通常为 5.65 和 11.3（前者称为短试件，后者称为长试件）。据此，短、长圆形试件的标距长度 l_0 分别等于 $5d_0$、$10d_0$。非比例试件的标距与其原横截面间无上述关系。

根据国家标准（GB/T 228）将比例试件尺寸列于表 1-1 中。

表 1-1　常用比例试件

试件		标距长度 l_0/mm		横截面面积 A_0/mm^2	圆形试件直径/mm	表示延伸率的符号
比例	长	$11.3\sqrt{A_0}$	$10d_0$	任意	任意	δ_{10}
	短	$5.65\sqrt{A_0}$	$5d_0$			δ_5

注：表中 d_0 表示试件标距部分的原始直径，δ_{10}、δ_5 分别表示标距长度 l_0 为 d_0 的 10 倍或 5 倍的试件延伸率。

常用试件的形状尺寸、粗糙度等可查 GB/T 228 中的附录。

五、实验步骤

1. 低碳钢试件的拉伸实验

① 测定试件的截面尺寸。圆试件测定其直径 d_0 的方法是，在试件标距长度的两端和中间三处予以测量，每处在两个相互垂直的方向上各测一次，取其算术平均值，然后取这三个平均值的最小值作为 d_0。

② 试件标距长度 l_0 除了要根据圆形试件的直径 d_0 来确定外，还应将其化整到 5mm 或 10mm 的倍数。小于 1.5mm 的数值舍去；等于或大于 2.5mm 但小于 7.5 的数值取为 5mm；等于或大于 7.5mm 的数值进为 10mm。在标距长度的两端各打一小标点，两标点的位置，应满足其连线平行于试件的轴线。两标点之间用分划器等分 10 格或 20 格，并刻出分格线，以便观察变形分布情况，测定延伸率 δ。

③ 根据低碳钢的强度极限，估计加在试件上的最大载荷，据此选择适当的机器量程（也称载荷级）。

通常，每台多功能材料力学试验机都有几个载荷级，其刻度范围均自零至该级载荷的最大值。由于机器测力部分本身精度的限制，每级载荷的刻度范围只有一部分是有效的。有效部分的规律如下：下限不小于该量程最大值的 10%，且不小于整机最大载荷的 4%；上限不大于该量程最大值的 90%。

实验时应保证全部待测载荷均在上述范围内。就本次实验来说，也就是必须保证屈服载荷 P_s 和极限载荷 P_b 均在该范围内。若机器有两个量程都能满足要求，则应取较小的量程以提高载荷测读精度。

④ 确认设备正常后，正式实验即可开始。

慢速加载，使试件的变形匀速增长。国家标准规定的拉伸速度是，屈服前应力增加速度为 $10\mathrm{MPa/s}$，屈服后试验机活动夹头在负荷下的移动速度不大于每分钟 $0.5l_0$。在试件匀速变形的过程中，试验机上自动绘出的载荷-变形曲线（P-Δl 曲线）可以帮助我们更好地判断屈服阶段的到达。对于低碳钢来说，屈服时的曲线如图 1-3(a) 所示，其中 $P_{s上}$ 称为上屈服载荷，锯齿状曲线段最低点处相应的最小载荷 $P_{s下}$ 称为下屈服载荷。由于上屈服载荷随试

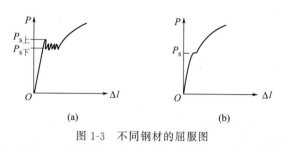

件过渡部分的不同而有很大差异，而下屈服载荷基本一致，因此一般规定用下屈服载荷来计算屈服极限 σ_s（$=P_s/A_0=P_{s下}/A_0$）。有些材料，屈服时的 P-Δl 曲线基本上是一个平台而不呈现出锯齿状，如图 1-3(b) 所示。

(a)　　　　　　　　(b)

图 1-3　不同钢材的屈服图

屈服阶段终了后，要使试件继续变形，就必须加大载荷。这时载荷-变形曲线将开始上升，材料进入强化阶段，试件的横向尺寸有明显的缩小。

如果在强化阶段的某一点处进行卸载，则可以得到一条卸载曲线，实验表明，它与曲线的起始直线部分基本平行。卸载后若重新加载，加载曲线则沿原卸载曲线上升直到该点，此后曲线基本上与未经卸载的曲线重合（图 1-4），这就是冷作硬化效应。

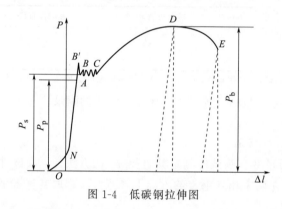

图 1-4　低碳钢拉伸图

随着实验的继续进行，当载荷达到最大值 P_b 之后，试件上的载荷由慢到快不断降低，试件出现颈缩现象，最后沿颈缩处试件断裂。根据测得的 P_b 可以按 $\sigma_b=P_b/A_0$ 计算。

测量试件断后标距部分长度 l_1 时，将试件拉断后的两段在拉断处紧密对接起来，尽量使其轴线位于一条直线上，拉断处由于各种原因形成缝隙，应计入试件拉断后的标距部分长度内。l_1 用下述方法之一测定。

图 1-5　低碳钢试件拉伸实验断口形式

直测法：如拉断处到邻近标距端点的距离大于 $l_0/3$ 时，可直接测量两端点间的长度。

移位法（参见 GB/T 228 附录）：

测量了 l_0，按下式计算延伸率，即

$$\delta = \frac{l_1 - l_0}{l_0} \times 100\%$$

拉断后颈缩处截面积 A_1 的测定：圆形试件在颈缩最小处两个相互垂直方向上测量其直径，用两者的算术平均值作为断口直径 d_1，来计算其 A_1。断面收缩率的计算公式为

$$\psi = \frac{A_0 - A_1}{A_0} \times 100\%$$

在进行数据处理时，按有效数字的选取和运算法则确定所需的位数。

2. 灰铸铁试件的拉伸实验

灰铸铁这类脆性材料拉伸时的载荷-变形曲线如图 1-6 所示。它不像低碳钢拉伸那样明显可分为线性、屈服、颈缩、断裂四个阶段，而是一条非常接近直线状的微弯曲线，并没有下降段。灰铸铁试件是在非常微小的变形情况下突然断裂的，断裂后几乎测不到残余变形（图 1-7）。根据这些特点，可知灰铸铁不仅不具有 σ_s，而且测定它的 δ 和 ψ 也没有实际意义。这样，对灰铸铁只需测定它的强度极限 σ_b 就可以了。

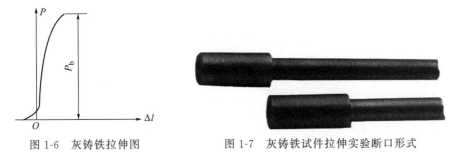

图 1-6　灰铸铁拉伸图　　　　图 1-7　灰铸铁试件拉伸实验断口形式

测定 σ_b 可取制备好的试件，只测出其截面积 A_0，然后装在试验机上逐渐缓慢加载直到试件断裂，记下最后载荷 P_b，据此可算得强度极限。

$$\sigma_b = \frac{P_b}{A_0}$$

六、思考题

① 由拉伸试验所确定的材料力学性能数值有何实用价值？

② 为什么拉伸试验必须采用标准试件或比例试件？材料和直径相同而长短不同的试件，它们的延伸率是否相同？

七、实验报告要求

① 按照实验目的，写出所测材料的参数大小，并写明计算过程。

② 完成上述思考题。

实验名称：压缩实验	
实验编号：0103	相关课程：材料力学
实验类别：验证性	适用专业：机械类各专业
实验性质：必开	

一、实验目的

① 测定压缩时灰铸铁的强度极限 σ_b。

② 观察灰铸铁压缩时的变形和破坏现象，并分析破坏原因。

二、实验装置和仪器

① 游标卡尺。

② 多功能材料力学试验机。

三、实验原理

低碳钢试件压缩时同样存在弹性极限、比例极限、屈服极限，而且数值和拉伸所得的相应数值差不多，但是在屈服时却不像拉伸那样明显。从进入屈服阶段开始，试件塑性变形就有较大的增长，试件横截面面积随之增大。由于横截面面积的增大，要维持屈服时的应力，载荷也就要相应增大。因此，在整个屈服阶段，载荷也是上升的，在测力盘上看不到指针倒退现象，这样，判定压缩时的 P_s 要特别小心地观察。在缓慢均匀加载下，测力指针是等速转动的，当材料发生屈服时，测力指针的转动将出现减慢现象，这时所对应的载荷即为屈服载荷 P_s。

低碳钢的压缩图（P-Δl 曲线）如图 1-8 所示，超过屈服极限之后，低碳钢试件由原来的圆柱形逐渐被压成鼓形，如图 1-9 所示。继续不断加压，试件将愈压愈扁，但总不破坏。所以，低碳钢不具有抗压强度极限（也可将它的抗压强度极限理解为无限大），低碳钢的压缩曲线也可证实这一点。

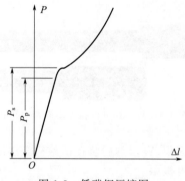

图 1-8   低碳钢压缩图

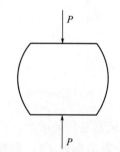

图 1-9   压缩时代碳钢的变形

灰铸铁在拉伸时是属于塑性很差的一种脆性材料，但在受压时，试件在达到最大载荷 P_b 前将会产生较大的塑性变形，最后被压成鼓形而断裂。灰铸铁的压缩图（P-Δl 曲线）如图 1-10 所示，灰铸铁试件的断裂有两个特点：一个是断口为斜断口，如图 1-11 所示；另一个是按 P_b/A_0 求得的 σ_b 远比拉伸时高，是拉伸时的 3～4 倍。为什么像灰铸铁这种脆性材料的抗拉、抗压能力相差这么大呢？这主要与材料本身情况（内因）和受力状态（外因）有关。灰铸铁压缩时沿斜截面断裂，其主要原因是由剪应力引起的。假设测量灰铸铁受压试件斜断口倾角为 α，则可发现它略大于 45°，这是因为试件两端存在摩擦力，使最大剪应力所在截面不再与轴线成 45°。

四、实验试件

低碳钢和灰铸铁等金属材料的压缩试件一般制成圆柱形，高 h_0 与直径 d_0 之比在 1～3 的范围内。目前常用的压缩试验方法是两端平压法。这种压缩试验方法，试件的上下两端与试验机承垫之间会产生很大的摩擦力，它们阻碍着试件上部及下部的横向变形，导致测得的抗压强度较实际偏高。当试件的高度相对增加时，摩擦力对试件中部的影响就变得小了，因此抗压强度与比值 h_0/d_0 有关。由此可见，压缩试验是与试验条件有关的。为了在相同的试验条件下对不同材料的抗压性能进行比较，应对 h_0/d_0 的值作出规定。实践表明，此值取在 1～3 的范围内为宜。若小于 1，则摩擦力的影响太大；若大于 3，虽然摩擦力的影响减小，但稳定性的影响却突出起来。

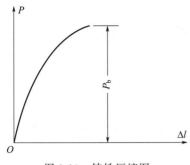
图 1-10 铸铁压缩图

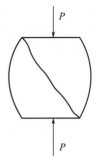
图 1-11 压缩时灰铸铁的破坏断口

五、实验步骤

1. 低碳钢试件的压缩实验

① 测定试件的截面尺寸。用游标卡尺在试件高度中央取一处予以测量，沿两个互相垂直的方向各测一次，取其算术平均值作为 d_0 来计算横截面面积 A_0。用游标卡尺测量试件的高度。

② 试验机的调整。估算屈服载荷的大小，选择测力度盘，调整指针对准零点。

③ 安装试件。将试件准确地放在试验机活动平台承垫的中心位置上。

④ 检查及试车。试车时先提升试验活动平台，使试件随之上升。当上承垫接近试件时，应大大减慢活动平台上升的速度。注意，必须切实避免急剧加载。待试件与上承垫接触受力后，用慢速预先加少量载荷，然后卸载接近零点，检查试验机工作是否正常。

⑤ 进行试验。缓慢均匀地加载，注意观察测力指针的转动情况，及时而正确地确定屈服载荷，并记录。屈服阶段结束后继续加载，将试件压成鼓形即可停止。

2. 灰铸铁试件的压缩实验

灰铸铁试件压缩实验的步骤与低碳钢压缩实验基本相同，但不测屈服载荷而测最大载荷。此外，要在试件周围加防护罩，以免在试验过程中试件飞出伤人。灰铸铁试件压缩实验断口形式如图 1-12 所示。

六、思考题

① 低碳钢和灰铸铁在拉伸及压缩时力学性能有何差异？
② 根据灰铸铁试件的压缩破坏形式分析其破坏原因。

七、实验报告要求

① 按照实验目的，写出所测材料的参数大小，并写明计算过程。

图 1-12 灰铸铁试件压缩
实验断口形式

② 完成上述思考题。

实验名称：扭转实验

实验编号：0104	相关课程：材料力学
实验类别：验证性	适用专业：机械类各专业
实验性质：必开	

一、实验目的

① 测定低碳钢的剪切屈服极限 τ_s 及剪切强度极限 τ_b。

② 测定灰铸铁的剪切强度极限 τ_b。

③ 观察并比较低碳钢及灰铸铁扭转时的变形和破坏现象，并分析破坏原因。

二、实验装置和仪器

① 游标卡尺。

② 多功能材料力学试验机。

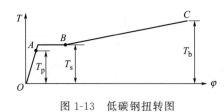

图 1-13　低碳钢扭转图

三、实验原理

扭转实验同样也采用圆形试件。低碳钢试件的扭转图（T-φ 曲线）如图 1-13 所示，起始直线段 OA 表明试件在这个阶段中的 T 与 φ 成比例，截面上的剪应力呈线性分布，如图 1-14(a) 所示。在 A 点处，T 与 φ 的比例关系开始被破坏，此时截面周边上的剪应力达到了材料的剪切屈服极限 τ_s，相应的扭矩记为 T_p。由于这时截面内部的剪应力尚小于 τ_s，故试件仍具有承载能力，T-φ 曲线呈继续

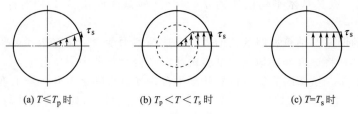

(a) $T \leqslant T_p$ 时　　　(b) $T_p < T < T_s$ 时　　　(c) $T = T_s$ 时

图 1-14　截面上剪应力分布

上升的趋势。扭矩超过 T_p 后，在截面上出现了一个环状塑性区 [图 1-14(b)]，并随着 T 的增长，塑性区逐步向中心扩展，T-φ 曲线稍微上升，直到 B 点趋于平坦，截面上各点材料完全达到屈服，扭矩度盘上的指针几乎不动或摆动，此时测力度盘上指示出的扭矩或指针摆动的最小值即为屈服扭矩 T_s。如图 1-14(c) 所示，根据静力平衡条件，可以求得 τ_s 与 T_s 的关系为

$$T_s = \int_A \rho \tau_s \mathrm{d}A$$

将式中 $\mathrm{d}A$ 用环状面积元素 $2\pi\rho\mathrm{d}2\rho$ 表示，则有

$$T_s = 2\pi\tau_s \int_o^{d/2} \rho^2 \mathrm{d}\rho = \frac{4}{3}\tau_s W_t$$

故剪切屈服极限为

$$\tau_s = \frac{3}{4} \times \frac{T_s}{W_t} \tag{1-2}$$

式中，$W_t = \pi d^3/16$ 是试件的抗扭截面系数。

继续给试件加载，试件再继续变形，材料进一步强化。当达到 T-φ 曲线上的 C 点时，试件被剪断。与式(1-2) 相似，可得剪切强度极限为

$$\tau_b = \frac{3}{4} \times \frac{T_b}{W_t} \tag{1-3}$$

灰铸铁的扭转图（T-φ 曲线）如图 1-15 所示。从开始受扭直到破坏，近似为一直线，按弹性应力公式，其剪切强度极限为

$$\tau_b = \frac{T_b}{W_t} \qquad\qquad (1\text{-}4)$$

四、实验试件

扭转试件同拉伸实验，也采用圆形试件，只是根据试验机的要求将夹持部分铣成扁的。

五、实验步骤

1. **低碳钢试件的扭转实验**

① 测定试件的直径，测量方法同拉伸实验，并据此计算 W_t。

② 将试件一端安装在上夹头内，下拉上夹头，使试件的另一端接近下夹头，通过控制电机正反转调整下夹头位置，使其装入试验机的下夹头内（图 1-16）。用粉笔在试件表面上画一条纵向线，以便观察试件的扭转变形情况。

图 1-15 灰铸铁扭转图

③ 加载测试，通过调整调速器控制电机的转速，缓慢均匀加载，直至试件破坏为止。记录低碳钢试件的扭转曲线、试件屈服时的扭矩值及破坏时的最大扭矩值。

2. **灰铸铁试件的扭转实验**

灰铸铁试件扭转实验的步骤与低碳钢扭转实验基本相同，只是电机加载时要用低速，记录试件破坏时的最大扭矩值。

六、思考题

试比较分析低碳钢、灰铸铁两种材料在拉伸、压缩和扭转三种加载方式下，各自的性能参数的多少和大小、断口形状、断面特征、破坏原因（σ 或 τ），综合分析低碳钢与灰铸铁的力学性能。

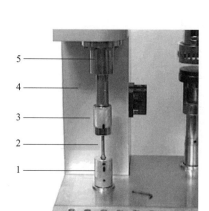

图 1-16 扭转实验试件的装夹
1,3—夹头；2—扭转试件；
4—左立柱；5—扭矩传感器

七、实验报告要求

① 按照实验目的，写出所测材料的参数大小，并写明计算过程。

② 完成上述思考题。

实验名称：纯弯曲梁的正应力实验

实验编号：0105	相关课程：材料力学
实验类别：综合性	适用专业：机械类各专业
实验性质：必开	

一、实验目的

① 验证梁纯弯曲时的正应力分布规律，并与理论计算结果进行比较；验证弯曲正应力公式。

② 掌握电测法的基本原理。

二、实验装置和仪器

① 纯弯曲梁实验装置（图 1-17）。

② 电阻应变仪。

③ 多功能材料力学试验机。

图 1-17　纯弯曲梁实验装置

三、实验原理

已知梁受纯弯曲时的正应力公式为

$$\sigma = \frac{My}{I_z}$$

式中，M 为纯弯曲梁横截面上的弯矩；I_z 为横截面对中性轴 Z 的惯性矩；y 为横截面中性轴到待测点的距离。

在梁承受纯弯曲段的侧面，沿轴向贴上五个电阻变应片，如图 1-18 所示，工作片 1 和 5 分别贴在梁的顶部和底部，工作片 2、4 贴在 $y = \pm H/4$ 的位置，工作片 3 在中性层处。当梁受弯曲时，即可测出各点处的轴向应变 $\varepsilon_{i实}$ （$i=1,2,3,4,5$）。由于梁的各层纤维之间无挤压，根据单向应力状态的胡克定律，求出各点的实验应力为

$$\sigma_{i实} = E\varepsilon_{i实}(i=1,2,3,4,5)$$

式中，E 是梁材料的弹性模量。

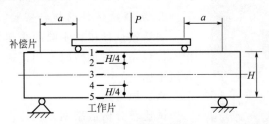

图 1-18　纯弯曲梁简图

这里采用增量法加载，每增加等量的载荷 ΔP，测得各点相应的应变增量为 $\Delta\varepsilon_{i实}$，求出 $\Delta\varepsilon_{i实}$ 的平均值 $\overline{\Delta\varepsilon_{i实}}$，依次求出各点的应力增量 $\Delta\sigma_{i实}$ 为

$$\Delta\sigma_{i实} = E\overline{\Delta\varepsilon_{i实}} \tag{1-5}$$

把 $\Delta\sigma_{i实}$ 与理论公式算出的应力增量

$$\Delta\sigma_{i理} = \frac{\Delta My_i}{I_z} \tag{1-6}$$

加以比较，从而验证理论公式的正确性。从图 1-18 可知

$$\Delta M = \frac{1}{2}\Delta Pa \tag{1-7}$$

电测法的基本原理详见附录四。

四、实验步骤

① 拟定加载方案。考虑到设备的安全，在 $0\sim7\text{kN}$ 的范围内分若干级进行加载，每级的载荷增量可设为 $\Delta P = 1\text{kN}$（学生可以自行选择）。

② 按照 YDD-1 型多功能材料力学试验机使用说明，接通数据处理仪的电源，把测点 1 的应变片和温度补偿片按半桥接线法接在数据处理仪上；选择相应的实验项目，注意检查载荷上限与下限必须为 $\pm8\text{kN}$。

③ 从零载荷起，慢慢地加载到加载方案确定的上限值，在加载过程中注意观察对应于所确定的载荷增量，相应的应变增量是否为线性；加载结束，卸载。

④ 按步骤③再做一次，以获得具有重复性的可靠试验结果。

⑤ 按测点 1 的测试方法对其余各点逐点进行测试。

五、实验结果的处理

① 根据测得的应变值，逐点算出应变增量平均值 $\overline{\Delta\varepsilon_{i实}}$，代入式(1-5) 求出 $\Delta\sigma_{i实}$。

② 根据式(1-6) 与式(1-7) 计算各点的理论弯曲正应力值 $\Delta\sigma_{i理}$。

③ 将各点的 $\Delta\sigma_{实}$ 与 $\Delta\sigma_{理}$ 绘制在以截面高度为纵坐标、应力大小为横坐标平面内，即可得到梁横截面上的实验应力与理论应力的分布曲线，将两者进行比较，即可验证理论公式。

④ 对误差最大的实验值与理论值进行比较，求出百分误差。

六、思考题

① 实验结果和理论计算是否一致？如不一致，其主要影响因素是什么？

② 弯曲正应力的大小是否受材料弹性模量 E 的影响？

七、实验报告要求

① 将测得的实验结果用正确的方式表达出来，并给出测量结论。

② 试分析实验误差的来源。

③ 完成上述思考题。

实验名称：弯扭组合实验

实验编号：0106	相关课程：材料力学
实验类别：综合性	适用专业：机械类各专业
实验性质：必开	

一、实验目的

① 测定平面应力状态下主应力的大小及方向，并与理论计算结果进行比较。

② 进一步了解电测法，掌握电阻应变花的使用。

二、实验装置和仪器

① 弯扭组合实验装置。

② 电阻应变仪。

③ 多功能材料力学试验机。

三、实验原理

平面应力状态下任一点的主应力方向无法判断时，应力测量常采用电阻应变花。应变花是把几个敏感栅制成特殊夹角形式，组合在同一基片上，图 1-19 所示。如果已知三个方向的应变 ε_a、ε_b 及 ε_c，根据这三个应变值可以计算出主应变 ε_1 及 ε_3 的大小和方向，因而主应力的方向亦可确定（与主应变方向重合）。主应力的大小可由各向同性材料的广义胡克定律求得。

$$\left.\begin{aligned}\sigma_1&=\frac{E}{1-\mu^2}(\varepsilon_1+\mu\varepsilon_3)\\\sigma_3&=\frac{E}{1-\mu^2}(\varepsilon_3+\mu\varepsilon_1)\end{aligned}\right\} \tag{1-8}$$

式中，E、μ 分别为材料的弹性模量和泊松比。

图 1-20 所示为 $45°$ 直角应变花所测得的应变，分别为 $\varepsilon_{0°}$、$\varepsilon_{45°}$ 及 $\varepsilon_{90°}$，由式(1-9) ～式(1-11) 计算出主应变和主应力的大小与方向。

$$\varepsilon_{1,3}=\frac{\varepsilon_{0°}+\varepsilon_{90°}}{2}\pm\frac{1}{2}\sqrt{(\varepsilon_{0°}-\varepsilon_{90°})^2+(2\varepsilon_{45°}-\varepsilon_{0°}-\varepsilon_{90°})^2} \tag{1-9}$$

或

$$\sigma_{1,3} = \frac{E}{2} \left[\frac{\varepsilon_{0°} + \varepsilon_{90°}}{1-\mu} \pm \frac{1}{1+\mu} \sqrt{(\varepsilon_{0°} - \varepsilon_{90°})^2 + (2\varepsilon_{45°} - \varepsilon_{0°} - \varepsilon_{90°})^2} \right] \tag{1-10}$$

$$\tan 2\alpha_0 = \frac{2\varepsilon_{45°} - \varepsilon_{0°} - \varepsilon_{90°}}{\varepsilon_{0°} - \varepsilon_{90°}} \tag{1-11}$$

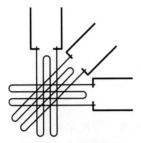

图 1-19 直角应变花

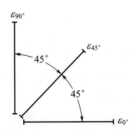

图 1-20 直角应变花所测得的应变

本实验以图 1-21 所示空心圆轴为测量对象，该空心圆轴一端固定，另一端固连一横杆，轴与杆的轴线彼此垂直，并且位于水平平面内。在横杆自由端加载，使空心圆轴发生扭转与弯曲的组合变形。在 A—A 截面的上表面 A 点采用 45°直角应变花，如图 1-22 所示，如果测得三个应变值 $\varepsilon_{0°}$、$\varepsilon_{45°}$ 和 $\varepsilon_{90°}$，即可确定 A 点处主应力的大小及方向的实验值。

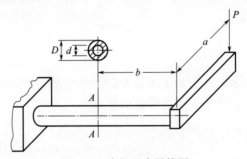

图 1-21 弯扭组合梁简图

另由弯扭组合理论可知，A—A 截面的上表面 A 点的应力状态如图 1-23 所示，其主应力与主方向的理论值分别为

$$\left.\begin{array}{c}\sigma_1 \\ \sigma_3\end{array}\right\} = \frac{\sigma}{2} \pm \sqrt{\left(\frac{\sigma}{2}\right)^2 + \tau^2} \tag{1-12}$$

和

$$\tan 2\alpha_0 = -\frac{2\tau}{\sigma} \tag{1-13}$$

然后将计算所得的主应力及主方向理论值与实测值进行比较。

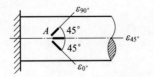

图 1-22 被测点 A 的应变片布置情况

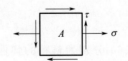

图 1-23 被测点 A 的应力状态

四、实验步骤

① 拟定加载方案。考虑到设备的安全，在 0～7kN 的范围内分若干级进行加载，每级

的载荷增量可设为 $\Delta P = 1\mathrm{kN}$（学生可以自行选择）。

② 接通应变仪电源，将 A 点的应变片（此处的三个应变片由于是直接感受应变的，称为工作片）和温度补偿片（不受力，只感受温度的影响）按半桥接线法接在应变仪的相应接线端子上。

③ 根据加载方案，逐级加载，逐级逐点测量并记录测得的数据，测量完毕，卸载。以上过程可重复一次，检查两次数据是否相近，必要时对个别点进行复测，以得到正确的实验数据。

五、实验结果的处理

根据测量的实验数据 $\varepsilon_{0°}$、$\varepsilon_{45°}$ 和 $\varepsilon_{90°}$ 应用式（1-8）～式（1-11）即可求出 A 点的主应力，并与理论结果进行比较。

六、思考题

① 通过 0105 实验和本实验这两次电测法测构件的应力，你有什么体会？
② 试分析实验结果的误差来源，并提出相应的解决方案。

七、实验报告要求

① 给出测量结果并正确表示。
② 完成上述思考题。

实验名称：泊松比的测量

实验编号：0107	相关课程：材料力学
实验类别：设计性	适用专业：机械类各专业
实验性质：选开	

一、实验目的

① 使学生进一步理解泊松比的定义和概念。
② 使学生初步了解自己设计实验的基本方法和要求。
③ 由学生自行确定测量方法和设备（测量仪器或量具），测量给定材料的泊松比。

二、预习与参考

材料力学中的力学基本性能部分；常用应变测量的方法；常用微量位移的测量方法和常用传感器；各种引伸仪的知识。

三、设计指标

根据泊松比的定义，测量出材料 Q235 和 HT200 的泊松比，精度不低于 5%；最好能采用两种以上方法或测量仪器。

四、实验（设计）要求

由学生根据要求，自行确定测量微小变形的实验方法，写出详细的实验方案，其中包括选择实验（测试）原理、实验步骤、引伸仪的种类、加载方案、数据处理方法等，经指导教师审核后，利用实验室能提供相应的测量装置，完成测量全过程。

五、实验（设计）仪器和材料

① 机械式引伸仪三种，若干件。
② 电子式引伸仪两种及相应二次仪表若干件。
③ 可自制小变形测量器具足量。
④ 被测材料及相应加载装置足量。

六、调试及测试

确定所选择的引伸仪后，根据拟定的加载方案和数据处理方案的要求，对 Q235 或 HT200 材料的泊松比进行测量。最终按照标准测量值的表示方法给出测量结果。

七、思考题

① 第一次设计性实验你有什么收获？

② 你选择的测量方案存在哪些不足？

八、实验报告要求

① 注明指导教师姓名。

② 完成上述思考题。

本报告要以总结的形式撰写，写明此设计性实验的实验原理、实验方案和实验步骤；写明你所采用的方案是如何满足测量要求的（注意测量要求中写明量程和分辨率）；对测得的数据进行处理，写明测量结果，给出测量结论；分析你所选择的实验方案存在的不足之处；写出你所感受到的与验证性实验的不同之处。

实验名称：冲击实验

实验编号：0108	相关课程：材料力学
实验类别：验证性	适用专业：机械类各专业
实验性质：选开	

一、实验目的

① 了解冲击试验方法，测定低碳钢与灰铸铁的冲击韧度 α_k 值。

② 观察低碳钢与灰铸铁两种材料在常温冲击下的破坏情况和断口形貌，并进行比较。

二、实验装置和仪器

① 冲击试验机。

② 游标卡尺。

三、实验试件

冲击韧度 α_k 的数值与试件的尺寸、缺口形状和支撑方式有关。为了对实验结果进行比较，正确地反映材料抵抗冲击的能力，国家标准（GB/T 229）规定的冲击试件有两种形式：V 形缺口试件，如图 1-24(a) 所示；U 形缺口试件，如图 1-24(b) 所示。

本实验采用 10mm×10mm×55mm 带有 2mm 深的 U 形缺口试件。

四、实验原理

变形速度不同，材料的力学性能也会随之发生变化。在工程上常采用冲击韧度来表示材料抵抗冲击的能力。材料力学实验中的冲击试验采用的是常温简支梁的大能量一次冲击试验，冲击试验机如图 1-25 所示。试验时，将质量为 Q 的摆锤向上摆起高度 H，如图 1-26 所示，于是摆锤便具有一定的位能，令摆锤突然下落，冲击安装在机座上的试件，将试件冲断。试件折断所消耗的能量等于摆锤原来的位能（在 α 角处）与其冲断试件后在扬起位置（在 β 角处）时的位能之差。冲断试件所消耗的能量可从试验机刻度盘上直接读得，则材料的冲击韧度计算公式为

$$\alpha_k = \frac{W}{A} \quad (\text{J/mm}^2)$$

式中，W 为冲断试件所消耗的能量；A 为试件断口处的原始横截面面积。

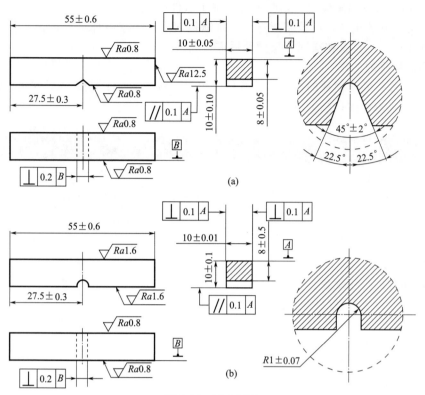

图 1-24　冲击试件

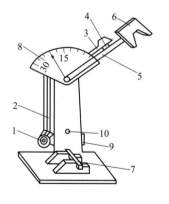

图 1-25　冲击试验机

1—电机；2—皮带；3—摆臂；4—杆销；5—摆杆；6—摆锤；
7—试件；8—指示器；9—电源开关；10—指示灯

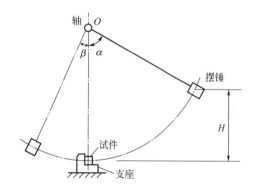

图 1-26　冲击试验机原理

五、实验步骤

① 在安装试件之前先进行空打，记录试验机因摩擦阻力所消耗的能量，并校对零点；

② 稍抬摆锤，将试件紧贴支座放置，并使试件缺口的背面朝向摆锤刀刃，试件缺口应位于两支座对称中心，其偏差不应大于 0.5mm；

③ 按动"取摆"按钮，抬高摆锤，待听到锁住声后，方可慢慢松手。按动"冲击"按钮，摆锤下落，冲断试件，并任其向前继续摆动高点后回摆时，再将摆锤制动，从刻度盘上读取摆锤冲断试件所消耗的能量；

④ 将摆锤下放到铅垂位置，切断电源，取下试件。

注意，应先安装试件，后抬高摆锤。当摆锤抬起后，严禁身体进入摆锤的打击范围内。试件冲击破坏后，一定要在摆锤停止摆动后方可去拣。

六、实验结果的处理

① 根据试件折断所消耗的能量，计算低碳钢与灰铸铁的冲击韧度 α_k，并进行比较。

② 观察两种材料断口的差异。

实验名称：压杆稳定实验

实验编号：0109	相关课程：材料力学
实验类别：验证性	适用专业：机械类各专业
实验性质：选开	

一、实验目的

① 观察压杆的失稳现象。

② 测定两端铰支压杆的临界压力 F_{cr}。

二、实验装置和仪器

① 多功能材料力学试验机。

② 千分表、游标卡尺、钢板尺。

三、实验试件

高强度钢矩形横截面细长试件，两端制成刀刃状，并贴好电阻应变片。

四、实验原理

对于轴向受压的理想细长直杆，按小变形理论，其临界载荷可由欧拉公式求得，即

$$F_{cr} = \frac{\pi^2 EI}{(\mu l)^2} \tag{1-14}$$

式中，E 为材料的弹性模量；I 为压杆截面的最小惯性矩；l 为压杆的长度；μ 为长度系数，对于两端铰支情况，$\mu = 1$。

当 $F < F_{cr}$ 时，压杆保持原有的直线平衡形态而处于稳定平衡状态，当 $F = F_{cr}$ 时，压杆处于临界状态，可以在微弯的情况下保持平衡。

考虑图 1-27 所示的两端铰支细长压杆，受轴向载荷 F 作用。如以压力 F 为纵坐标，压杆中点挠度 w 为横坐标。按小变形理论绘出的 F-w 图形可由两段折线 OA 和 AB 来描述，如图 1-28 所示。实际上由于载荷偏心或压杆不可避免地存在初始曲率等原因，压杆在受力开始时即产生弯曲变形，致使 F-w 曲线的 OA 段发生倾斜，这种弯曲变形随压力的增加而不断增加。开始时其挠度 w 增加较慢，而当 F 接近 F_{cr}，时，w 则急剧增大，如曲线 $OA'B$ 所示。作曲线 $OA'B$ 的水平渐近线 AB，与之对应的载荷纵坐标即代表压杆的临界载荷 F_{cr}。

测定压杆中点的挠度时，可采用不同的测量方法：用千分表测定压杆中点的挠度，得 F-w 曲线；或采用电测法测定中点的应变，得到 F-ε 曲线。

当采用千分表测量压杆中点挠度时，由于压杆的弯曲方向不能预知，应预压一定量程，以给杆件的左右两侧测量留有余地。若用电测法测量杆件中点应变，则被测量应变 ε 应包含两个部分，即轴力引起的应变和附加弯矩引起的应变，故有

$$\varepsilon = \varepsilon_N + \varepsilon_M \tag{1-15}$$

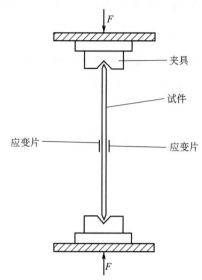

图 1-27　压杆稳定实验装置

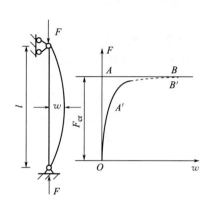

图 1-28　压杆稳定 F-w 图

如以 ε_1 和 ε_2 分别表示左右两侧的应变，显然随着 F 的增加，两者差异也会增大。如以压力 F 为纵坐标，压应变 ε 为横坐标，可绘出 F-ε_1 和 F-ε_2 曲线（图 1-29），但其 F-ε 曲线的水平渐近线却是一致的，它代表压杆的临界载荷 F_{cr}。

五、实验步骤

① 试件测量和安装。测量试件长度为 l，宽度为 b，厚度为 t。因试件厚度对临界载荷影响很大，应在压杆长度方向测取若干处（数量根据数据处理方法确定，各组可不同）厚度数据，取其平均值，计算最小惯性矩 $I_{\min}$。在试件中段两侧分别粘贴电阻应变片，连接电阻应变仪。将试件置于多功能材料力学试验机的 V 形支座中，两端约束相当于铰支情况。注意使压力通过试件的轴线。

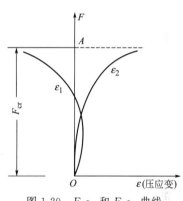

图 1-29　F-ε_1 和 F-ε_2 曲线

② 仪器安装，连线，预加载，调试。

③ 为保证试件失稳后不发生屈服，试验前应根据欧拉公式估算试验的最大许可载荷 $F_{\max}$。并根据式(1-16)估算在弹性范围内试件允许的最大挠度 $w_{\max}$。

$$\frac{F_{cr}}{A_0} + \frac{F_{cr}w_{\max}}{W} \leqslant [\sigma] \qquad (1\text{-}16)$$

式中，A_0，W 分别为试件横截面面积和抗弯截面模量。实验时，如采用电阻应变仪测量杆件中点应变，则要在 $F<80\%F_{\max}$ 的范围。

采用分级加载的方式进行载荷控制；载荷每增加一级 ΔF，即测定一个相应的变形量 w（或应变 ε_1 和 ε_2）。当接近失稳时，变形量快速增加，此时应改为位移控制。变形每增加一定数值，即读取一个相应的载荷 F_i，在 $w<w_{\max}$ 的范围内，直到 ΔF 的变化很小，渐近线的趋势已经明显为止。

④ 运行多功能材料力学试验机中的实验软件，选择正确的实验方案，逐步加载，记录实验载荷及应变值。

⑤ 完成全部实验内容后，卸掉载荷，关闭电源，拆线，整理所用仪器、设备，清理现场，将所用仪器设备复原。

六、思考题

① 加载方案由载荷控制改为位移控制，你如何借助于多功能材料力学试验软件来实现？

② 本实验方案中，用电阻应变片来测量构件的变形，你是否可用其他方法来实现？请简述。

七、实验报告要求

① 根据实验测得的试件载荷和挠度（或应变）系列数据，绘出 $F\text{-}w$ 或 $F\text{-}\varepsilon$ 曲线，据此确定临界载荷 F_{cr}。

② 根据欧拉公式，计算临界载荷的理论值。

③ 将实测值和理论值进行比较，计算出相对误差并分析讨论。

④ 完成上述思考题。

第二章　机械原理实验

实验名称：机构运动简图测绘分析

实验编号：0201	相关课程：机械原理
实验类别：验证性	适用专业：机械类各专业
实验性质：必开	

一、实验目的

① 掌握根据实际机器或模型绘制机构运动简图的原则及基本技能。

② 验证和巩固机构自由度的计算。

③ 验证机构具有确定运动的条件。

④ 通过实验了解机构运动简图的作用和意义。

二、实验设备和用具

① 典型机构的实物和模型。

② 自备三角板、铅笔、橡皮、草稿纸等。

三、实验原理

在对现有机械进行分析或设计新机械时都需要绘制机构运动简图。从运动学的观点看，机构的运动是由原动件运动规律、机构中各运动副的类型和机构的运动尺寸（确定运动副相对位置的尺寸，如回转副间中心距、移动副间的距离和夹角及高副接触点的位置等）来决定的，而与构件的形状（高副的运动副元素除外）、断面尺寸、组成构件的零件数目及固连方式等无关。因此，在绘制机构运动简图时可以抛开构件的实际外形和运动副的具体构造，而用统一规定的线条、符号来表示构件和运动副，并按一定的比例尺定出各运动副的相对位置，以此表明实际机构的运动特征。根据机构运动简图可以了解机构的组成并定量地进行机构的运动分析和动力分析。

不按比例绘制的简图称为机构示意图。它只是为了表明机械的结构状况，只能定性地表示机构的某些运动特性（如自由度）。

四、实验步骤

① 分析机构模型的组成情况和运动传递情况：找出主动件和执行构件，缓慢转动被测机构的原动件，找出从原动件到执行构件的机构传动路线。

② 确定活动构件数目：沿着机构的传动路线从原动件开始，仔细观察机构的运动，分清各个运动单元，从而确定组成机构的构件数目。

③ 确定运动副的性质和数目：沿着机构的传动路线从原动件开始，仔细观察相互连接的两构件间的接触情况及相对运动的特点，确定各个运动副的性质和数目。

④ 合理选择投影平面：一般选择与绝大多数构件的运动平面相平行的平面作为投影平面。

⑤ 画出草图：将原动件运动到某一适当位置，沿着机构的传动路线从原动件开始，在草稿纸上徒手画出机构运动简图的草图。用数字（1、2、3 等）依次标注各运动构件，用字母（A、B、C 等）标注各运动副。

⑥ 验算机构自由度：根据草图，计算该机构自由度，并将计算结果与实际机构对照，

看其结果是否与原机构实际可能产生的独立运动数相同，以检查绘制的简图是否正确。

⑦ 确定尺寸：仔细测量机构的运动学尺寸（如回转副的中心距和移动副导路间的相对位置），对于高副则应仔细测出高副的轮廓曲线及其位置，标注在草图上。

⑧ 选择适当的长度比例尺：在图纸上任意确定原动件的位置，选择合适的比例尺把草图画成正规的运动简图，并在原动件上标注出箭头，表示其运动方向。

$$比例尺 \ \mu_L = \frac{实际长度 L_{AB}(m)}{图上长度 \ AB(mm)}$$

例如，$\mu_L = 0.002m/mm$，含义为图纸上的 1mm 代表实际 2mm。

五、注意事项

① 绘制时要求不增减杆件数目、不改变运动副性质。

② 不描述机器实际复杂的外形和运动副的具体机械结构，而是采用简单直观的线条和符号来代表构件及运动副。

③ 加强对演化机构的理解，如偏心轮复原为曲柄杆件。

六、思考题

① 一个正确的机构运动简图应能说明哪些内容？

② 绘制机构运动简图时，原动件的位置为什么可以任意选定？会不会影响简图的正确性？

③ 机构自由度的计算对测绘机构运动简图有何帮助？机构具有确定运动的条件是什么？

④ 绘制机构运动简图时为什么可以抛开构件的结构形状，而用构件两回转副中心的连线表示构件？

七、实验报告要求

① 绘制指定的几种机器或机构模型的机构运动简图，方便测量的按比例尺绘制，其余的可凭目测绘制机构示意图。

② 计算机构自由度数，说明机构是否具有确定运动，观察计算结果与实际是否相符。

③ 完成上述思考题。

实验名称：机构认知

实验编号：0202	相关课程：机械原理
实验类别：演示性	适用专业：机械类各专业
实验性质：必开	

一、实验目的

① 通过观看 10 个展柜中模型的动态演示，增强对机构和机器的感性认识。

② 加深对常用机构的类型、组成及运动特点的理解。

③ 熟悉常用机构的应用。

二、实验设备

机械原理陈列柜是为了加强学生对机构和机器的直观认识，配合《机械原理》课程理论教学设置的，共由 10 个展柜组成。展柜中的模型可实现点动或顺序控制运动演示，并配有录音讲解及运动简图和文字说明，具有形象、直观的特点。

三、实验内容及配套思考题

第 1 柜：对机器的认识

① 什么是机器？什么是机构？什么是运动副？

② 蒸汽机、内燃机各由哪些机构组成？

第 2 柜：平面连杆机构的类型

① 四杆机构中曲柄存在的条件是什么？

② 在有曲柄存在的条件时，取不同的构件为机架，可以得到铰链四杆机构的哪几种基本类型？

③ 具有单移动副的四杆机构有哪几种基本类型？它们是如何演化的？

④ 具有双移动副的四杆机构有哪几种基本类型？它们是如何演化的？

第 3 柜：平面连杆机构的应用

① 展柜中介绍了哪几种应用实例？各采用了哪种机构？

② 总结一下铰链四杆机构有哪些特性被工程上所采用。

第 4 柜：空间连杆机构

展柜中介绍了哪些空间连杆机构？

第 5 柜：凸轮机构

① 凸轮机构由哪些构件组成？凸轮机构的类型有几种？有哪些运动形式？

② 从动件的类型有哪几种？各适用于什么场合？

第 6 柜：齿轮机构的基本类型

① 齿轮机构有哪几种形式？

② 斜齿轮传动与直齿轮传动比较有何特点？

③ 蜗杆传动有何优缺点？

第 7 柜：轮系的类型

① 什么是定轴轮系？什么是周转轮系？

② 周转轮系由哪些构件组成？根据自由度的不同，周转轮系分为哪几类？

第 8 柜：轮系的功用

① 轮系有哪些功用？

② 如何在混合轮系中划分出周转轮系？

③ 何为行星轮系？何为差动轮系？

④ 汽车差速器有何作用？它利用了轮系的哪个特性？

第 9 柜：间歇运动机构

① 间歇运动机构有何运动特点？

② 常见的间歇运动机构有哪几种？它们的名称是什么？

第 10 柜：组合机构

① 举例说明哪些机构为串联机构、并联机构、叠加机构、反馈机构。

② 仔细观察凸轮蜗杆组合机构的结构和运动，说明其工作特点。

实验名称：齿轮范成原理实验

实验编号：0203	相关课程：机械原理
实验类别：验证性	适用专业：机械类各专业
实验性质：必开	

一、实验目的

① 掌握用范成法加工渐开线齿轮齿廓的基本原理。

② 熟悉渐开线齿轮基本尺寸的计算公式以及不同参数对齿形的影响。

③ 了解渐开线齿轮产生根切的现象及原因和利用变位来避免根切的方法。

④ 分析比较标准齿轮与变位齿轮的异同点。

二、实验设备和用具

① 齿轮范成仪。

② 自备圆规、三角板、铅笔及 $\phi230$mm 圆形图纸一张。

三、实验原理

范成法又称展成法或包络法，是齿轮加工中最常见的一种加工方法，如插齿、滚齿、磨齿等都属于这种方法。它是利用一对齿轮（或齿轮和齿条）的齿廓啮合定律来切制齿廓的，加工时视其一轮为刀具，另一轮为待加工轮坯，刀具和轮坯按齿数比作定传动比传动。刀具除作范成运动外还沿着轮坯轴线作切削运动，这样切制的齿廓就是刀具刀刃在轮坯的各个位置的包络线。由于在实际加工时，看不到刀刃在各个位置形成包络线的过程，故通过齿轮范成仪来表现这一过程。本实验将模拟齿条插刀范成加工渐开线齿轮的过程，由范成仪来保证刀具的节线与轮坯的节圆作纯滚动，用铅笔将刀具刀刃在切削时曾占据的各个位置的投影描绘在轮坯纸上，这样就能清楚地观察到轮齿范成的过程和最终加工出的完整齿形。

四、齿轮范成仪的结构和使用方法

范成仪的结构如图 2-1 所示。

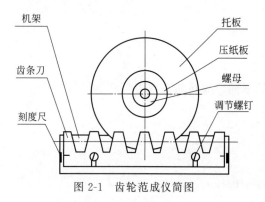

图 2-1　齿轮范成仪简图

托板（代表待加工轮坯）可绕机架上的固定轴心转动，齿条刀可沿水平方向移动，且通过托板后面的小齿轮与机架上的小齿条的啮合关系，保证了轮坯节圆与齿条刀的节线之间作无滑动的纯滚动。松开调节螺钉，可使齿条刀沿铅垂方向适当移动，移动的距离可在刻度尺上读出。

齿条刀的位置：当齿条刀中线恰好和轮坯的分度圆相切时，切出的齿轮是标准齿轮；改变齿条刀中线相对轮坯中心的位置，使刀具移远或移近 χm 距离，则切出的齿轮是变位齿轮。

已知：齿条刀的参数为 $m=20$mm，$\alpha=20°$，$h_a^*=1$，$c^*=0.25$；被加工齿轮的分度圆直径 $d=160$mm。

五、实验步骤

① 根据已知的刀具参数和被加工齿轮的分度圆直径，算出待加工齿轮的齿数 z。判定此范成仪在加工标准齿轮时是否会发生根切，若有根切，求出不根切的最小变位系数，即

$$\chi_{min}=(17-z)/17$$

② 根据待加工齿轮的已知参数，利用公式分别计算出标准齿轮和变位齿轮的四个圆的直径。

基圆直径 $\qquad\qquad\qquad\qquad d_b=mz\cos\alpha$

分度圆直径 $\qquad\qquad\qquad\quad d=mz$

齿顶圆直径 $\qquad\qquad\qquad\quad d_a=m(z+2h_a^*+2x)$

齿根圆直径 $\qquad\qquad\qquad\quad d_f=m(z-2h_a^*-2c^*+2x)$

③ 将代表轮坯的圆形图纸等分成两个象限，分别表示待加工的标准齿轮和变位齿轮，先将齿轮四个圆分别画在"轮坯"的两个象限内，然后把图纸放在托板上，以托板的中心为圆心，对准中心后用压纸板压住。

④ 绘制标准齿轮。

a. 对刀。调节齿条刀，使刀具中线与待加工齿轮分度圆相切，然后拧紧调节螺钉。

b. 切制"齿廓"。先把齿条刀移向一端，使刀具的齿廓退出轮坯齿顶圆，然后向另一端移动。当刀具切入轮坯时，每移动一个不大的距离时，用铅笔在代表轮坯的图纸上描下刀具齿廓的位置，直到画出 1~2 个完整的轮齿时为止。此时注意轮坯上齿廓形成的过程。

c. 定出极限啮合点 N_1，观察刀具的齿顶线是否超过 N_1，判断有无根切现象。

d. 在所范成的齿轮上标出 d_b、d、d_a、d_f、p、s、e、p_b。

⑤ 绘制变位齿轮。

a. 对刀。将图纸转过 $180°$，调整刀具径向位置，将刀具由加工标准齿轮的位置远离轮坯中心 χm 距离，其数值可在刻度尺上读出。

b. 切制"齿廓"。画出 1~2 个完整的正变位齿形，并在所范成齿轮上标出 d_b、d、d_a、d_f、p、s、e、p_b。

c. 观察有无根切现象，与标准齿轮齿廓进行比较。

六、注意事项

① 代表轮坯的圆形图纸不宜太厚或太薄，浅色为宜，且应平整无明显翘曲，以防在实验过程中卡住齿条刀的移动。

② 标准齿轮和变位齿轮各分度圆、基圆、齿顶圆和齿根圆应在安装图纸前绘制出来，避免圆心被破坏后，不能清晰准确地绘制出其位置。

③ 代表轮坯的圆形图纸安装在托板上，安装前应考虑好图纸象限和齿条位置的相对关系，避免轮齿不在分配好的相应象限内，图纸应固定可靠，在整个实验过程中不得随意松开或重新固定，否则可能导致实验失败。

④ 切制"齿廓"时，齿条刀从轮坯的一端逐渐推动移向轮坯的另一端时，不得频繁来回推动，以免范成仪啮合间隙影响实验结果的精确性。

七、思考题

① 齿条型刀具的齿顶高和齿根高为什么都等于 $(h_a^* + c^*) \cdot m$？

② 用范成法加工渐开线齿轮时可能会发生什么现象？为什么？怎样避免？

③ 根切现象发生在基圆之内还是基圆之外？齿廓曲线是否全是渐开线？

④ 用同一齿条加工的标准齿轮与变位齿轮的几何参数 m、α、r、r_b、h_a、h_f、s、s_b、s_a、s_f 哪些变了？哪些没变？为什么？

八、实验报告要求

① 比较实验结果。

② 粘贴齿廓图。

③ 完成上述思考题。

实验结果

项目	计算公式	结果		
		标准齿轮	变位齿轮	结果比较
分度圆半径				
基圆半径				
齿顶圆半径				
齿根圆半径				

续表

项目	计算公式	结果		
		标准齿轮	变位齿轮	结果比较
齿距				
分度圆齿厚				
分度圆齿槽宽				
齿顶高				
齿根高				
全齿高				
最小变位系数				
实际变位系数				

注："结果比较"栏中，尺寸比标准齿轮尺寸大的填写"＋"号，小的填写"－"号，一样大小的填写"0"。

实验名称：渐开线直齿圆柱齿轮参数的测定

实验编号：0204 　　　　　　　　相关课程：机械原理

实验类别：综合性 　　　　　　　　适用专业：机械类各专业

实验性质：必开

一、实验目的

① 掌握应用机械通用量具测定渐开线直齿圆柱齿轮基本参数的方法。

② 通过测量和计算，巩固并熟悉齿轮的各部分尺寸、参数之间的关系和渐开线的性质。

二、实验用具

① 待测齿轮：模数制渐开线直齿圆柱齿轮两个（齿数为奇、偶数齿的齿轮各一个）。

② 量具：游标卡尺、公法线长度千分尺。

三、实验内容

① 测量齿轮的齿顶圆直径 d_a、齿根圆直径 d_f 及跨 k 和 $k+1$ 个齿的公法线长度 W'_k 和 W'_{k+1}。

② 根据测得的数据，运用所学的知识推算出被测齿轮的参数 m、α、h_a^*、c^*、x。

③ 判断所测齿轮是标准齿轮还是变位齿轮。

四、实验步骤

渐开线直齿圆柱齿轮的基本参数有齿数 z、模数 m、分度圆压力角 α、齿顶高系数 h_a^*、顶隙系数 c^*、变位系数 x。

1. 确定齿数 z

齿数 z 可直接从待测齿轮上数出。

2. 测量齿顶圆直径 d_a 和齿根圆直径 d_f

用游标卡尺测量 d_a 和 d_f，为减少测量误差，同一数据应在不同位置上测量三次，然后取其算术平均值。测量方法如下。

① 当齿数 z 为偶数时，d_a 和 d_f 可用游标卡尺在待测齿轮上直接测出，如图 2-2 所示。

② 当齿数 z 为奇数时，不能通过直接测量得到 d_a 和 d_f 的准确值，应采用间接测量方法，如图 2-3 所示。先量出齿轮轴孔的直径 D，再分别量出孔壁到某一齿顶的距离 H_1 和孔

壁到某一齿根的距离 H_2。则 d_a 和 d_f 分别为

$$d_a = D + 2H_1 (\text{mm}) \qquad d_f = D + 2H_2 (\text{mm})$$

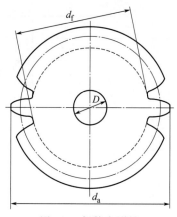

图 2-2　偶数齿测量

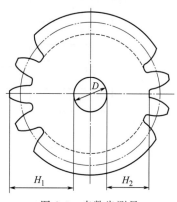

图 2-3　奇数齿测量

3. 计算全齿高 h'

对于偶数齿　　　　　　　　　　　$h' = (d_a - d_f)/2 (\text{mm})$

对于奇数齿　　　　　　　　　　　$h' = H_1 - H_2 (\text{mm})$

4. 测定公法线长度 W_k' 和 W_{k+1}'

测量公法线长度 W_k 的目的是为了测定基圆齿距 p_b，从而确定齿轮的模数 m、压力角 α 和变位系数 x，这是测量齿轮基本参数的关键项目。公法线长度可按图 2-4 所示的方法用公法线千分尺（或游标卡尺）测量，用 W_k' 表示实际测得的公法线长度。具体测量方法如下。

① 首先确定跨测齿数 k。如果跨测齿数过多，则卡脚可能与轮齿顶点形成不相切的接触；如果跨测齿数过少，则卡脚可能与轮齿根部非渐开线部分接触，这两种情况测得的数据都是不准确的。为了使卡尺的两个卡脚能保证与齿廓的渐开线部分相切，跨测齿数 k 按以下方法确定。

a. 根据被测齿轮的齿数 z，由公式 $k = 0.111z + 0.5$ 计算出跨测齿数 k。

b. 根据被测齿轮的齿数 z，从标准直齿圆柱齿轮的跨测齿数和公法线长度表（表 2-1）中查出相应的跨测齿数 k。

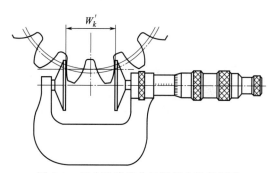

图 2-4　用公法线千分尺测量公法线长度

表 2-1　基圆齿距 p_b　　　　　　　　　　　　　　　　mm

模数 m	径节 DP	$p_b = \pi m \cos\alpha$				
		$\alpha = 22.5°$	$\alpha = 20°$	$\alpha = 17.5°$	$\alpha = 15°$	$\alpha = 14.5°$
1	25.4000	2.902	2.952	2.966	3.034	3.041
1.5	16.9333	4.354	4.428	4.494	4.552	4.562
2	12.7000	5.805	5.904	5.992	6.069	6.083

模数 m	径节 DP	$p_b = \pi m \cos\alpha$				
		$\alpha = 22.5°$	$\alpha = 20°$	$\alpha = 17.5°$	$\alpha = 15°$	$\alpha = 14.5°$
2.5	10.1600	7.256	7.380	7.490	7.580	7.604
3	8.4667	8.707	8.856	8.989	9.104	9.125
3.5	7.2571	10.159	10.332	10.478	10.621	10.645
4	6.3500	11.610	11.809	11.986	12.138	12.166
4.5	5.6444	13.061	13.285	13.483	13.655	13.687
5	5.0800	14.512	14.761	14.981	15.173	15.208
5.5	4.6182	15.963	16.237	16.479	16.690	16.728
6	4.2333	17.415	17.713	17.977	18.207	18.249
6.5	3.9077	18.866	19.189	19.475	19.724	19.770
7	3.6286	20.317	20.665	20.973	21.242	21.291
8	3.1750	23.220	23.617	23.969	24.276	24.332
9	2.8222	26.122	26.569	26.966	27.311	27.347
10	2.5400	29.024	29.521	29.922	30.345	30.415
11	2.3091	31.927	32.473	32.958	33.330	33.457
12	1.1167	34.829	35.426	35.954	36.414	36.498
13	1.9538	37.732	38.378	38.950	39.449	39.540
14	1.8143	40.634	41.330	41.947	42.484	42.581
15	1.6933	43.537	44.282	44.943	45.518	45.623
16	1.5875	46.439	47.234	47.939	48.553	48.665
18	1.4111	52.244	53.138	53.931	54.622	54.748
20	1.2700	58.049	59.043	59.924	60.691	60.831
22	1.1545	63.854	64.947	65.916	66.760	66.914
25	1.0160	72.561	73.803	74.905	75.864	76.038

② 测定公法线长度 W'_k、W'_{k+1}。为了减少测量误差，测量跨测 k 个齿的公法线长度 W'_k 时，应在不同齿上重复测量三次，然后取其算术平均值。为计算基圆齿距 p_b，按同样的方法再测量出跨测 $k+1$ 个齿时的公法线长度 W'_{k+1}。考虑到齿轮公法线长度变动量的影响，测量 W'_k 和 W'_{k+1} 时，应在三个相同部位进行。

5. 推算被测齿轮的参数

① 确定模数 m 和压力角 α。

如图 2-5 所示，根据渐开线性质，若卡尺跨 k 个齿，其公法线长度为 $W_k = (k-1)p_b + s_b$；同理，若卡尺跨 $k+1$ 个齿，其公法线长度则应为 $W_{k+1} = kp_b + s_b$。

由测得的 W'_k 和 W'_{k+1} 可计算出被测齿轮的基圆齿距，即

$$p'_b = W'_{k+1} - W'_k = \pi m \cos\alpha \text{(mm)}$$

在基圆齿距表（表 2-1）中查出与计算出的 p'_b 相近的值，视为 p_b 的准确值，同时查出与之对应的模数 m 和压力角 α（注意，由于被测齿轮为模数制齿轮，故计算出的 p'_b 值与表

中的径节制齿轮的 p_b 值相近,若出现两者相差较大的情况,则是由测量误差过大所致,应重新检查测量数据)。

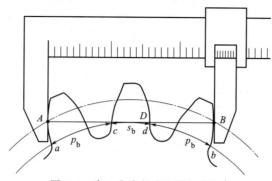

图 2-5 跨 k 个齿的公法线长度 W'_k

② 判定齿轮是否为标准齿轮并确定变位系数 x。

判定一个齿轮是否为标准齿轮最好用公法线长度测量值 W'_k 和理论计算值 W_k 进行比较。若 $W'_k \approx W_k$,则说明被测齿轮为标准齿轮;若 $W'_k \neq W_k$,则说明被测齿轮为变位齿轮。已知齿轮的 z、m、α,确定公法线长度理论值的方法如下。

a. 若被测齿轮的压力角 $\alpha = 20°$,则可查表 2-2 中对应于 $m=1$ 时的公法线长度,再乘以被测齿轮的模数 m,即得 W_k。

b. 若被测齿轮的压力角 $\alpha \neq 20°$,又无相应的公法线长度表可查,则 W_k 可按下式计算,即

$$W_k = m\cos\alpha\left[(k-0.5)\pi + z\,\mathrm{inv}\alpha\right]$$

根据求出的 W_k 值和测得的 W'_k 值,可按下式推算出被测齿轮的变位系数 x,即

$$x = \frac{W'_k - W_k}{2m\sin\alpha}$$

③ 求齿顶高系数 h_a^* 和顶隙系数 c^*。

由全齿高 $h = (2h_a^* + c^*)m$ 知,当齿轮为正常齿制时,$h_a^* = 1$,$c^* = 0.25$,$h = 2.25m$;当齿轮为短齿制时,$h_a^* = 0.8$,$c^* = 0.3$,$h = 1.9m$。故可由测得的全齿高 h' 与模数 m 的比值判定齿顶高系数和顶隙系数,即 $h'/m = 2.25$ 时,为正常齿,$h_a^* = 1$,$c^* = 0.25$;$h'/m = 1.9$ 时,为短齿,$h_a^* = 0.8$,$c^* = 0.3$。

注意,考虑被测齿轮若为变位齿轮时,齿顶有可能有一削减量,故判定时注意,h'/m 只能小于不可能大于相应的标准值。

五、思考题

① 渐开线直齿圆柱齿轮的基本参数有哪些?

② 在测量齿根圆直径 d_f 时,对齿数为偶数和奇数的齿轮在测量方法上有什么不同?

③ 测量公法线长度时为什么对跨测齿数 k 提出要求?

④ 测量公法线长度时,卡脚放在渐开线齿廓工作段的不同位置,但保持与齿廓相切,对测量结果有无影响?为什么?

六、实验报告要求

① 记录测量齿轮的齿数和编号,实验数据按要求整理填写。

② 根据测量结果,计算出齿轮模数、压力角、变位系数、齿顶高系数和顶隙系数。

③ 完成上述思考题。

表 2-2　标准直齿圆柱齿轮的跨测齿数和公法线长度（$m=1\text{mm}$，$\alpha=20°$）

齿数	跨齿数	$m=1$ 公法线长	齿数	跨齿数	$m=1$ 公法线长	齿数	跨齿数	$m=1$ 公法线长	齿数	跨齿数	$m=1$ 公法线长	齿数	跨齿数	$m=1$ 公法线长
4	2	4.4842	54	7	19.9452	103	12	35.3921	152	17	50.8390			
5	2	4.4982	55	7	19.9592	104	12	35.4061	153	18	53.8051			
6	2	4.5122	56	7	19.9732	105	12	35.4201	154	18	53.8192			
7	2	4.5262	57	7	19.9872	106	12	35.4341	155	18	53.8332			
8	2	4.5402	58	7	20.0012	107	12	35.4481	156	18	53.8472			
9	2	4.5542	59	7	20.0152	108	13	38.4142	157	18	53.8612			
10	2	4.5683	60	7	20.0292	109	13	38.4282	158	18	53.8752			
11	2	4.5823	61	7	20.0432	110	13	38.4423	159	18	53.8892			
12	2	4.5963	62	7	20.0572	111	13	38.4563	160	18	53.9032			
13	2	4.6103	63	8	23.0233	112	13	38.4703	161	18	53.9172			
14	2	4.6243	64	8	23.0373	113	13	38.4843	162	19	56.8833			
15	2	4.6383	65	8	23.0513	114	13	38.4983	163	19	56.8973			
16	2	4.6523	66	8	23.0654	115	13	38.5123	164	19	56.9113			
17	2	4.6663	67	8	23.0794	116	13	38.5263	165	19	56.9253			
18	3	7.6324	68	8	23.0934	117	14	41.4924	166	19	56.9394			
19	3	7.6464	69	8	23.1074	118	14	41.5064	167	19	56.9534			
20	3	7.6604	70	8	23.1214	119	14	41.5204	168	19	56.9674			
21	3	7.6744	71	8	23.1354	120	14	41.5344	169	19	56.9814			
22	3	7.6885	72	9	26.1015	121	14	41.5484	170	19	56.9954			
23	3	7.7025	73	9	26.1155	122	14	41.5625	171	20	59.9615			
24	3	7.7165	74	9	26.1295	123	14	41.5765	172	20	59.9755			
25	3	7.7305	75	9	26.1435	124	14	41.5905	173	20	59.9895			
26	3	7.7445	76	9	26.1575	125	14	41.6045	174	20	60.0035			
27	4	10.7106	77	9	26.1715	126	15	44.5706	175	20	60.0175			
28	4	10.7246	78	9	26.1855	127	15	44.5846	176	20	60.0315			
29	4	10.7386	79	9	26.1996	128	15	44.5986	177	20	60.0455			
30	4	10.7526	80	9	26.2136	129	15	44.6126	178	20	60.0596			
31	4	10.7666	81	10	29.1797	130	15	44.6266	179	20	60.0736			
32	4	10.7806	82	10	29.1937	131	15	44.6406	180	21	63.0397			
33	4	10.7946	83	10	29.2077	132	15	44.6546	181	21	63.0537			
34	4	10.8086	84	10	29.2217	133	15	44.6686	182	21	63.0677			
35	4	10.8227	85	10	29.2357	134	15	44.6826	183	21	63.0817			
36	5	13.7888	86	10	29.2497	135	16	47.6488	184	21	63.0957			
37	5	13.8028	87	10	29.2637	136	16	47.6628	185	21	63.1097			
38	5	13.8168	88	10	29.2777	137	16	47.6768	186	21	63.1237			
39	5	13.8308	89	10	29.2917	138	16	47.6908	187	21	63.1377			
40	5	13.8448	90	11	32.2579	139	16	47.7048	188	21	63.1517			
41	5	13.8588	91	11	32.2719	140	16	47.7188	189	22	66.1179			
42	5	13.8728	92	11	32.2859	141	16	47.7328	190	22	66.1319			
43	5	13.8868	93	11	32.2999	142	16	47.7468	191	22	66.1459			
44	5	13.9008	94	11	32.3139	143	16	47.7608	192	22	66.1599			
45	6	16.8670	95	11	32.3279	144	17	50.7270	193	22	66.1739			
46	6	16.8810	96	11	32.3419	145	17	50.7410	194	22	66.1879			
47	6	16.8950	97	11	32.3559	146	17	50.7550	195	22	66.2019			
48	6	16.9090	98	11	32.3699	147	17	50.7690	196	22	66.2159			
49	6	16.9230	99	12	35.3361	148	17	50.7830	197	22	66.2299			
50	6	16.9370	100	12	35.3501	149	17	50.7970	198	23	69.1961			
51	6	16.9510	101	12	35.3641	150	17	50.8110	199	23	69.2101			
52	6	16.9650	102	12	35.3781	151	17	50.8250	200	23	69.2241			
53	6	16.9790												

实验名称：齿轮加工演示

实验编号：0205　　　　　　相关课程：机械原理
实验类别：演示性　　　　　　适用专业：机械类各专业
实验性质：必开

一、实验目的

① 通过观察插齿机、滚齿机加工齿轮，掌握其切制齿廓的加工过程。
② 了解插齿机、滚齿机的传动系统。

二、实验设备和用具

① 插齿机、滚齿机各一台。
② 蜡质齿坯数个。

三、加工过程

范成法是目前齿轮加工中最常用的一种方法，如插齿、滚齿、磨齿等都属于这种方法。它是利用齿廓啮合基本定律来切制齿廓的。假想将一对相啮合的齿轮（或齿轮与齿条）之一作为刀具，而另一个作为轮坯，并使两者按固定的传动比进行对滚的切削运动，在轮坯上便可加工出与刀具齿廓共轭的齿轮齿廓。

1. 插齿机

插齿机采用的刀具为齿轮插刀，其可视为一个具有刀刃的外齿轮，齿轮插刀多用于加工内齿轮、双联或多联齿轮上的小齿轮，如图 2-6 所示。当用一把齿数为 $z_刀$ 的齿轮插刀，去加工模数、压力角均与该齿轮插刀相同而齿数为 $z_坯$ 的齿轮时，根据插齿机的工作原理，刀具与轮坯之间主要有如下相对运动。

① 范成运动：齿轮插刀与轮坯以恒定的传动比 $i = n_刀 / n_坯 = z_坯 / z_刀$ 作缓慢的回转运动，像一对齿轮啮合传动一样。

② 切削运动：齿轮插刀沿轮坯的齿宽方向作往复切削运动。

③ 进给运动：为了保证轮齿的高度，在切削过程中，插刀还需向轮坯的中心作径向移动，直至达到轮齿的高度为止。

④ 让刀运动：为防止插刀向上退刀时与轮坯发生摩擦，损伤已切好的齿面，故插刀在向上退刀时，需有让开一小段距离的运动（在插刀向下切削时，插刀又恢复到原来的位置）。

注意观察插刀与轮坯间的四种运动、传动路线及采用的机构。

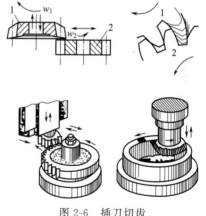

图 2-6　插刀切齿
1—插刀；2—轮坯

2. 滚齿机

由于用插刀加工齿轮时，其切削是不连续的，生产效率较低。而用滚刀加工齿轮就没有这个缺点，并且只需正确调整滚刀的安装位置，则同一把滚刀既能切削直齿圆柱齿轮，也能切削斜齿圆柱齿轮。

滚刀的形状相当于一个开有若干斜纵槽并具有切削刃和刀具角的螺杆，如图 2-7 所示。

最常用的滚刀为阿基米德蜗杆滚刀，这种滚刀在轴面内的齿形为直线齿廓，滚刀转动时，螺旋齿在轴面内沿轴向连续移动，相当于一个齿条在不停地移动，因此蜗杆滚刀加工齿轮的原理与齿条插刀相同。滚齿时滚刀与轮坯之间的运动有以下几种。

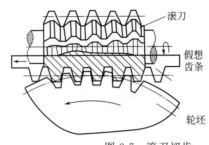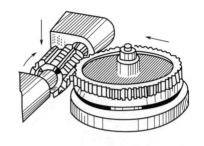

滚刀
假想齿条
轮坯

图 2-7　滚刀切齿

① 切削运动：滚刀旋转，切削金属。

② 范成运动：保证滚刀与轮坯转速之间的啮合关系，亦即滚刀转一转（相当于齿条向前移动一个齿距），轮坯（齿数为 z）转 $1/z$ 转。如果滚刀头数为 k，那么滚刀转一转，就相当于齿条向前移动 k 个齿距，所以被切齿轮也应转过 k 个齿，即 k/z 转。

③ 进给运动：为切出整个齿宽，滚刀沿轮坯轴线作垂直进给运动。

在切齿时，必须保证滚刀刀齿的运动方向和被加工齿轮的齿向一致，因此必须把滚刀（包括刀架）扳动一个角度（即滚刀的轴线与轮坯端面之间的夹角等于滚刀的导程角 γ），使刀齿的运动方向与轮坯的齿向一致。

四、思考题

① 观察插齿机加工齿轮的传动路线，指出传动系统中都采用了哪些机构。

② 用滚齿机加工直齿轮时，滚刀应如何放置？为什么？

③ 插齿机、滚齿机加工齿轮时，刀具与轮坯间有哪些运动？

实验名称：回转构件的动平衡实验

实验编号：0206	相关课程：机械原理、机械设计基础
实验类别：验证性	适应专业：机械类各专业
实验性质：选开	

一、实验目的

① 掌握用动平衡机进行刚性转子动平衡的原理与方法。

② 了解工业动平衡机的工作原理。

二、实验设备和用具

① YYW-5 型硬支承平衡机。

② 实验转子。

③ 各种配重块、扳手。

④ 天平和卷尺。

三、实验原理

当一个动不平衡的刚性回转体绕其回转轴线转动时，该构件上所有的不平衡质量所产生的离心惯性力总可以转化为任选的两个垂直于回转轴线的平面内的两个分力。如图 2-8 所示，刚性转子偏心质量 m_1、m_2、m_3 的向径分别为 r_1、r_2、r_3，当转子以等角速度回转时，它们产生的惯性力 F_1、F_2、F_3 形成一空间力系。由理论力学知识，一个力可以分解为与它平行的两个分力，将 F_1、F_2、F_3 分解到两个相互平行的平衡基面上，动平衡的任务就是在这两个任选的平面（平衡基面）内的适当位置加上两个适当大小的平衡质量 $m_Ⅰ$ 和 $m_Ⅱ$，使两个平面内产生的合力等于零，构件就完全平衡了，即刚性转子处于动平衡时必须满足 $\sum F=0$ 和 $\sum M=0$。对于任何动不平衡的刚性转子，无论其具有多少个偏心质量，以及分布于多少个回转平面内，都只要在选定两个平衡基面内分别加上一个平衡质量，即可实现动平衡（双面平衡）。

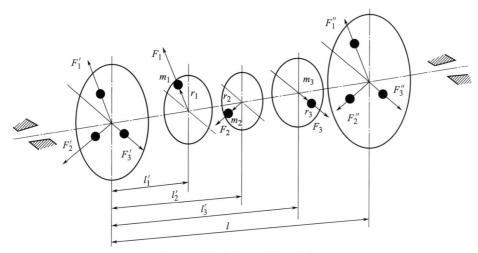

图 2-8　回转构件动平衡受力分析

四、YYW-5 型硬支承平衡机简介

转子的不平衡是由于转子质量相对于旋转轴的分布不对称所造成的，根据转子的平衡原理，一个具有一定轴向长度的不平衡刚性转子可在指定的垂直于轴线的两个不同平面上，用具有独立大小和方向的两个不平衡质量表示。一般来说，硬支承平衡机的转速不到共振系统固有频率的 1/3，即支承系统的刚性很大，转子的不平衡质量所产生的离心力为 $F=mr\omega^2$，该力迫使支承架振动，振幅为 $x=F/K\cos\omega t$，与离心力的大小成正比，K 是支承架的刚度。由于支承架刚度较大，所以振幅小，经机械式的信号放大机构，将放大后的支承架振动信号传递给振动传感器，传感器将机构振动信号转换成电信号，输入电测箱。电测箱对输入的两路信号处理后，显示出左、右平衡基面内的不平衡质量的大小和相位。

YYW-5 型硬支承动平衡机可测量工件的最大质量为 5kg、最大直径为 200mm，最小可达剩余不平衡度不大于 1g·mm/kg。

本机由主机、电测箱、电控柜三大部分组成。主机由床身、摆架、床头传动装置、万向联轴器等部件组成。

本机的工作原理：转子在旋转时因不平衡质量产生的离心力，通过摆架产生振动，装在左、右摆架上的两个传感器分别测得各摆架的振动，由装在传动箱内的接近开关获得与旋转工件同频的基准信号，这些信号一起输入电测箱，经电测箱运算放大、滤波处理后，显示转子左、右校正面上的不平衡质量的大小和相位。

本机摆架刚度很大，可以按静力学原理进行简化，通过对转子基本参数的设置，可实现平面分离和标定，从而一次启动运转后，能正确地显示出不平衡质量的大小和相位。

五、实验步骤

① 接通总电源开关，打开控制面板上的钥匙开关，按下计算机主机上的开机按钮，计

算机系统启动，待系统完全启动后，双击桌面上的软件图标，数秒后系统初始化完成，如图 2-9 所示。

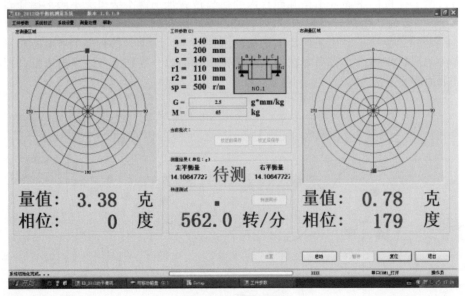

图 2-9　初始化界面

需要注意的是，在此状态下，如果单击"退出"按钮，电测系统自动关机。

② 用鼠标指向校正方式窗口，选择校正方式加/去重。

③ 鼠标单击"工件参数"按钮，屏幕显示一个参数表窗（图 2-10），如果窗口显示有正确的参数，可直接从参数表中选定某种型号的工件，再按"确定"按钮，则该型号工件的测量参数会自动填入对应工件的参数窗口，再进行第④步；同种规格或相同尺寸的工件平衡时，a、b、c、r1、r2 各参数不必重新输入，因为参数相同。

工件名称	支撑方式	a (mm)	b (mm)	c (mm)	r1 (mm)	r2 (mm)
1	2	3	4	5	6	7
2	1	140	200	140	110	110
333	0	1	1	1	1	1

确定　添加　修改　删除　取消

图 2-10　工件参数界面

a. 添加记录：在屏幕的右下角单击"添加"按钮，则可输入新型号工件的测量参数，输入完毕后按"保存"按钮，会出现提示对话框"是否保存添加记录"，单击"确定"按钮。

注意，如果工件名称为空白单元格，则无法保存。

b. 修改记录：单击右下角"修改"按钮，在参数表中选定某种型号的工件，双击所需修改的单元格，则可修改该型号工件的测量参数，修改完毕后按"保存"按钮，会出现提示对话框"是否保存修改记录"，单击"确定"按钮。

c. 删除记录：在参数表中选定某种型号的工件，按"删除"按钮，出现提示对话框"是否删除记录"，单击"确定"按钮，则该型号工件的测量参数被删除。

④ 点击所需的工件参数，按"确定"按钮，则系统自动调入已保存的工件参数，系统

工件参数设置完成。

⑤ 启动电机，进入测量状态。使转子（工件）运转，如果参数设定中的转速与平衡转速不一致，待工件完全启动后点击屏幕上的"转速同步"。

⑥ 经数秒，待数据稳定后停止测量。

⑦ 根据屏幕上显示的不平衡质量的大小和相位，增加或减少平衡质量，用螺栓将配重块固定好，不得松动。

⑧ 重复⑤～⑦步骤，直到转子不平衡质量小于许用值，窗口中间位置显示合格（图 2-11）。

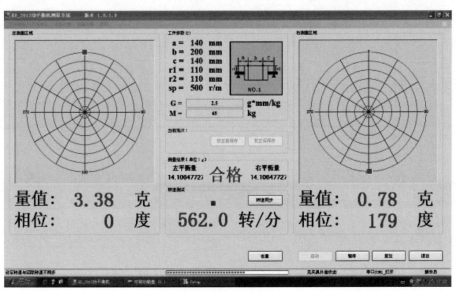

图 2-11 软件界面

⑨ 结束操作，直接按"退出"按钮退出测量屏幕，再次按下开机按钮即可关机。

六、注意事项

① 完全制动后方可进行下一步操作。

② 用螺栓将配重块固定好，螺母一定要锁紧，不得松动。

③ 观察转子的前后左右无障碍物和人员时才允许启动主电机。

七、思考题

① 刚性转子在什么条件下需要进行动平衡实验？其目的是什么？

② 为什么要取两个校正平面才能进行动平衡？

③ 设所测试转子为家用电扇的扇轮，是否可用同样的方法对其平衡？如何进行？

八、实验报告要求

① 填写实验数据。

实验数据

转子数据	$A =$	$B =$	转子简图：
	$C =$		
	$R_左 =$	$R_右 =$	
平衡转速	r/min	支承方式：	

续表

平衡次数	左平衡平面				右平衡平面			
	不平衡质量/g	所在相位/(°)	加减（＋/－）平衡质量/g	剩余不平衡质量/g	不平衡质量/g	所在相位/(°)	加减（＋/－）平衡质量/g	剩余不平衡质量/g
0								
1								
2								
3								
4								
5								
6								
7								
8								

注：最终每个平面剩余不平衡质量应控制在10g以内。

② 完成上述思考题。

实验名称：机构创新设计实验

实验编号：0207　　　　　　　　　　相关课程：机械原理
实验类别：设计性　　　　　　　　　　适用专业：机械类各专业
实验性质：选开

一、实验目的

① 加深对机构组成原理的认识，进一步了解机构组成及其运动特性。

② 培养运用实验方法，研究、确定机械运动方案的初步能力。

③ 了解（教材未涉及的）构件干涉问题及其解决方法。

④ 培养用电机、控制盒等电气元件和气缸、电磁阀、调速阀、空气压缩机等气动元件组装出动力源，对机械进行动力驱动和控制的初步能力。

⑤ 培养创新设计、进而动手付诸工程实践的综合能力。

二、实验设备和用具

① 机械方案创意设计模拟实施实验仪。

② 系列转速微型电机、四路电气控制盒、负载线和其他电气辅件。

③ 系列行程微型气缸、过滤减压器、电磁换向阀、调速阀、气管和空气压缩机等气动元件及辅件。

④ 螺栓、螺母、垫圈等紧固件。

⑤ 钢板尺、量角器等量具和扳手、钳子、螺丝刀（螺钉旋具）等工具。

三、实验原理

① 机构的组成和运动学原理。

② 直流电机、双作用式气缸的驱动和控制原理。

四、实验前的准备工作

① 预习实验指导书，掌握实验原理，初步了解实验装置。熟悉各种运动副和杆件的组装方法，熟悉电机和气缸等组件的安装使用方法。

② 针对设计题目，初步拟定机械系统运动方案和电气或气动驱动控制方案，绘出草图。

五、实验步骤

① 使用机械方案创意设计模拟实施实验仪的多功能零件，按照自己的草图，先在桌面上进行机构的初步摆放，这一步的目的是进行构件的总体布局和合理分层。而课程尚未涉及的合理分层，一方面为了使各个构件在相互平行的平面内运动，另一方面为了避免各个构件以及各个运动副之间发生运动干涉。

② 按照上一步的布局和分层方案，使用实验仪的多功能零件，从最里层开始，依次将各构件组装连接到机架上。其中各种零部件组装为各种机构的方法，详见附录七。

③ 选择原动件。若输入运动为转动（工程实际中以柴油机、电机等为动力的情况），可选用主动定铰链轴或蜗杆为原动件；若输入运动为移动（工程实际中以液压缸、气缸等为动力的情况），可选用适当行程的气缸为原动件。具体的组装连接方法详见附录七。

④ 试用手动的方式摇动或推动原动件，观察整个机构有无发生杆、副干涉和别劲现象，全都畅通无阻之后，才可安装电机，并通过软轴联轴器与主动定铰链轴或蜗杆相连，或安装气动组件与气缸相连，进而连接电气电路和空气压缩机。具体的组装连接方法详见附录七。

⑤ 检查无误后，打开电源，用电气控制盒操纵驱动机构的运动。

⑥ 动态观察机构系统的运动，对机构系统的运动到位情况、运动学及动力学特性作出定性的分析和评价。一般包括如下几个方面：各杆、副是否发生干涉；有无别劲现象；输入运动的原动件是否有曲柄；运动输出件是否具有急回特性；机构的运动是否连续；在工作行程中，最小传动角（或最大压力角）是否超过其许用值；机构运动过程中是否产生刚性冲击或柔性冲击；机构是否灵活、可靠地按照设计要求运动到位；自由度大于1的机构，其几个原动件能否使整个机构的各个局部实现良好的协调动作；动力元件（电机或气缸）的选用及安装是否合理，是否按预定的要求正常工作。

⑦ 若观察机构系统运动有问题，则必须按照前述步骤进行调整，直到该模型机构灵活、可靠地完全按照设计要求运动。

⑧ 至此学生已经用实验方法自行确定了机构的设计方案和参数，再测绘自己组装的模型，换算出实际尺寸，填写实验报告。

⑨ 教师验收合格，鉴定总体演示效果，作为创新及动手环节的评分依据。

六、实验内容

机构创新设计实验，其运动方案可由学生自行设计，创新构思平面机构运动简图并完成方案的拼接，达到开发开发学生创造性思维的目的。

实验也可选用下列运用于工程机械中的各种平面机构，根据机构运动简图，初步拟定机构运动学尺寸（机构运动学尺寸也可由实验法求得），再进行机构杆组的拆分，完成机构拼接设计实验。

1. 自动车床送料机构

结构说明：如图 2-12 所示，自动车床送料机构由平底直动从动件盘状凸轮机构与连杆机构组成。一般凸轮为主动件，能够实现较复杂的运动规律。

工作特点：当凸轮转动时，推动杆 5 往复移动，通过连杆 4 与摆杆 3 及滑块 2 带动从动件 1（推料杆）作周期性往复直线运动。

特别提示：机构运动简图中所标注的数字编号的意义为，横杠前面的数字代表构件编号，横杠后面的数字为该构件所占据的运动层面。

2. 内燃机机构

结构说明： 如图 2-13 所示，内燃机机构是由曲柄滑块与摇杆滑块组合而成的机构。

工作特点： 当曲柄 1 连续转动时，滑块 7 往复直线移动，同时摇杆 4 往复摆动带动滑块 6 往复直线移动。该机构用于内燃机中，滑块 7 在压力气体作用下作往复直线运动，带动曲柄 1 回转并使滑块 6 往复运动使压力气体通过不同路径进入滑块 7 的左、右端并实现排气（故滑块 7 是实际的主动件）。

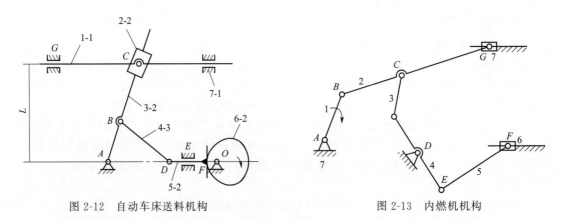

图 2-12 自动车床送料机构　　　　　图 2-13 内燃机机构

3. 六杆机构

结构说明： 如图 2-14 所示，六杆机构由曲柄摇杆机构 6-1-2-3 与摆动导杆机构 3-4-5-6 组成。曲柄 1 为主动件，摆杆 5 为从动件。

工作特点： 当曲柄 1 连续转动时，通过杆 2 使摇杆 3 作一定角度的摆动，再通过导杆机构使摆杆 5 的摆角增大。

4. 铸锭送料机构

结构说明： 如图 2-15 所示，滑块 1 为主动件，通过连杆 2 驱动双摇杆 3、5，将从加热炉出料的铸锭（工件）送到下一工序。

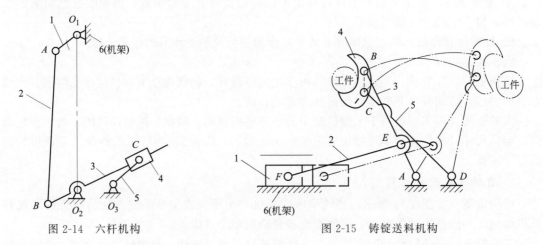

图 2-14 六杆机构　　　　　图 2-15 铸锭送料机构

工作特点： 图中实线位置为铸锭进入装料器 4 中，装料器 4 即为双摇杆机构 *ABCD* 中的连杆 *BC*，当机构运动到双点画线位置时，装料器 4 翻转 180° 把铸锭卸放到下一工序的位置。主动滑块的位移量应控制在避免出现该机构运动死点（摇杆与连杆共线）的范围内。

5. 插床插削机构

结构说明： 如图 2-16 所示，在 ABC 摆动导杆机构的摆杆 BC 反向延长线的 D 点上加由连杆 4 和滑块 5 上组成的二级杆组，成为六杆机构。在滑块 5 上固接插刀，该机构可作为插床的插削机构。

工作特点： 主动曲柄 1 匀速转动，滑块 5 在垂直于 AC 的导路上往复移动，具有急回特性。改变连杆 4 的长度，滑块 5 可获得不同的运动规律。

6. 刨床导杆机构

结构说明： 如图 2-17 所示。

工作特点： 牛头刨床的动力是由电机经带传动、齿轮传动使齿轮 1 绕轴 A 回转，再经滑块 2、导杆 3、连杆 4 带动装有刨刀的刨枕 5 沿床身 6 的导轨槽作往复直线运动，从而完成刨削工作。显然，导杆 3 为三副构件，其余为二副构件。

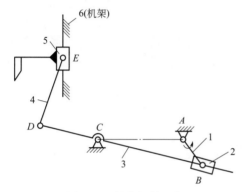 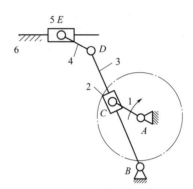

图 2-16　插床插削机构　　　　　　图 2-17　刨床导杆机构

7. 行程放大机构

结构说明： 如图 2-18 所示，机构由对心曲柄滑块机构与齿轮齿条机构串联组合而成。其中下齿条为固定齿条，上齿条作往复移动。

工作特点： 曲柄 1 匀速转动，连杆上 C 点作直线运动，通过齿轮 3 带动齿条 4 作直线移动，齿条 4 的移动行程是 C 点行程的两倍，故为行程放大机构。

特别提示： 若为偏置曲柄滑块，则齿条 4 具有急回性质。

8. 筛料机构

结构说明： 如图 2-19 所示，筛料机构由曲柄摇杆机构和摇杆滑块机构构成。

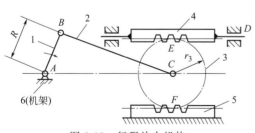 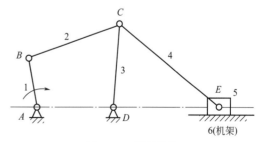

图 2-18　行程放大机构　　　　　　图 2-19　筛料机构

工作特点： 曲柄 1 匀速转动，通过摇杆 3 和连杆 4 带动滑块 5 作往复直线运动，由于曲柄摇杆机构的急回性质，使滑块 5 速度、加速度变化较大，从而可以更好地完成筛料工作。

9. 铰链四杆机构

结构说明：如图 2-20(a) 所示，双摇杆机构 $ABCD$ 的各构件长度满足条件机架 $\overline{AB} = 0.64\overline{BC}$，摇杆 $\overline{AD} = 1.18\overline{BC}$，连杆 $\overline{CD} = 0.27\overline{BC}$，$E$ 点为连杆 $\overline{CD}$ 延长线上的点，且 $\overline{DE} = 0.83\overline{BC}$。$BC$ 为主动摇杆。

工作特点：当主动摇杆 BC 绕 B 点摆动时，E 点轨迹如点画线所示，其中有一段近似为直线。

应用举例：可作固定式港口用起重机，E 点处安装吊钩，利用 E 点的轨迹的近似直线段吊装货物，能满足吊装设备的平稳性要求。

特别提示：由于是双摇杆，所以不能用电机带动，只能用手动方式观察其运动，若由电机带动，则可按图 2-20(b) 所示方式串联一个曲柄摇杆机构。

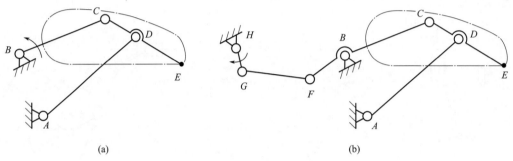

$$\text{图 2-20 铰链四杆机构}$$

10. 转动导杆与凸轮放大升程机构

结构说明：如图 2-21 所示，曲柄 1 为主动件，凸轮 3 和导杆固连。

工作特点：当曲柄 1 从图 2-21 所示位置顺时针转过 90°时，导杆和凸轮一起转过 180°。该机构常用于凸轮升程较大，而升程角受到某些因素的限制不能太大的情况。此机构制造安装简单，工作性能可靠。

11. 曲柄滑块机构

结构说明：图 2-22 所示为曲柄滑块机构。当机构尺寸满足 $AB = BC = BF$ 的条件时，构件 1 绕 A 点转动，构件 2 上 F 点沿 y 轴运动，D 点和 E 点轨迹为椭圆，其方程为

$$\frac{x^2}{FD^2} + \frac{y^2}{CD^2} = 1 \quad \text{和} \quad \frac{x^2}{FE^2} + \frac{y^2}{CE^2} = 1$$

应用举例：应用该机构可制作画椭圆的仪器。

12. 双摆杆摆角放大机构

结构说明：如图 2-23(a) 所示，主动摆杆 1 与从动摆杆 3 的中心距 L 应小于摆杆 1 的长度 r。

工作特点：当主动摆杆 1 摆动 α 角时，从动摆杆 3 的摆角 β 大于 α，实现摆角放大，各参数之间的关系为

$$\beta = 2\arctan\frac{\dfrac{r}{L}\tan\dfrac{\alpha}{2}}{\dfrac{r}{L} - \sec\dfrac{\alpha}{2}}$$

特别提示：由于是双摆杆，所以不能用电机带动，只能用手动方式观察其运动，若由电机带动，则可按图 2-23(b) 所示方式拼接。

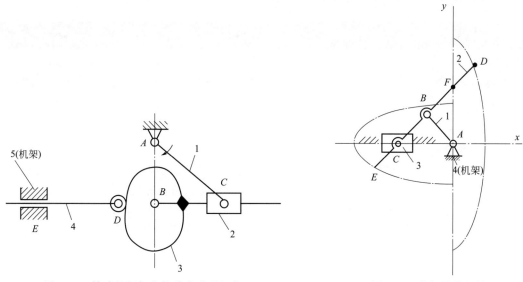

图 2-21 转动导杆与凸轮放大升程机构   图 2-22 曲柄滑块机构

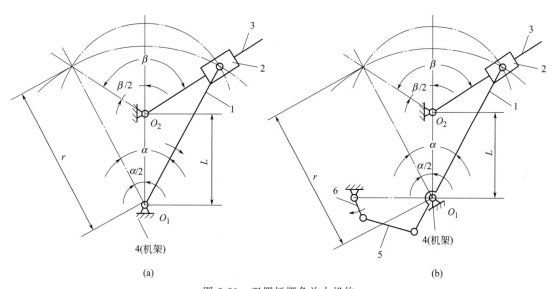

(a)   (b)

图 2-23 双摆杆摆角放大机构

七、实验报告要求

根据实验内容和测量结果，要求学生自己设计实验报告，对方案的不足点及改进措施要求学生客观给以反映。实验报告应涵盖以下内容。

① 粘贴机构照片。

② 按比例绘制正规的机构运动简图，标注全部参数。

③ 分析机构自由度。

④ 分析机构构件。

⑤ 简述实验步骤⑥中所列的各项评价情况。

⑥ 写出实验中遇到的问题和解决方法。

⑦ 指出机构中自己有所创新之处。

⑧ 指出方案不足之处并简述改进的设想。

实验名称：机构运动参数的测定

实验编号：0208	相关课程：机械原理、机械设计基础
实验类别：验证性	适用专业：机械类各专业
实验性质：选开	

一、实验目的

① 通过对曲柄滑块机构、曲柄导杆滑块机构、曲柄摇杆机构的运动参数测定实验，了解位移、速度、加速度的测定方法，以及角位移、角速度、角加速度的测定方法。

② 通过实验，了解多种传感器的使用、数据采集、分析处理的方法。

③ 通过比较理论运动线图与实测运动线图的差异，分析其原因，增加对速度、角速度，特别是加速度、角加速度的感性认识。

二、实验设备

① ZNH-A/1 曲柄导杆滑块机构运动参数测试综合实验台。

② ZNH-A/2 曲柄摇杆机构运动参数测试综合实验台。

③ 数据采集、接口卡和分析软件系统。

④ 计算机。

三、实验内容

A. 曲柄导杆滑块（曲柄滑块）机构运动参数测定

1. 实验台简介

ZNH-A/1 曲柄导杆滑块机构运动参数测试综合实验台由驱动部分、曲柄导杆滑块六杆机构、光栅式角位移传感器、电阻式线位移传感器、压电式加速度传感器和测试系统组成。可进行曲柄、滑块运动的仿真和曲柄的角位移、角速度、角加速度测试，同时可进行滑块的线位移、线速度、线加速度测试及机架振动的测试。通过不同的构件组合，可设计成曲柄导杆滑块机构和曲柄滑块机构，如图 2-24 和图 2-25。

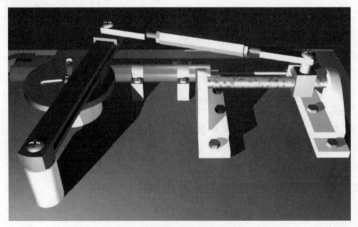

图 2-24　曲柄导杆滑块机构

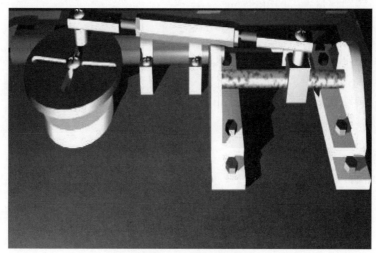

图 2-25　曲柄滑块机构

（1）曲柄导杆滑块机构主要技术参数

① 曲柄原始参数

曲柄长度 L_{AB}：0.04～0.06mm。

曲柄质量：2.45kg。

曲柄绕质心转动惯量：0.0045kg·m²。

② 滑块 2 原始参数

滑块 2 质量：0.15kg。

曲柄 A 点到 C 点的距离：0.18m。

③ 导杆原始参数

导杆长度：0.20～0.26mm。

导杆质心到 C 点的距离：0.145m。

导杆质量：0.9kg。

导杆绕质心转动惯量：0.00768kg·m²。

④ 连杆原始参数

连杆长度：0.27～0.31m。

连杆质心到 D 点的距离：0.15m。

连杆质量：0.55kg。

连杆绕质心转动惯量：0.0045kg·m²。

⑤ 滑块 5 原始参数

滑块质量：0.3kg。

偏距值（上为正）：0～0.035m。

⑥ 电机（曲柄）参数

额定功率：90W。

特性系数：9.724（r/min）/（N·m）。

（2）曲柄滑块机构主要技术参数

① 曲柄原始参数

曲柄长度 L_{AB}：0.04～0.06mm。

曲柄质量：1.175kg。

曲柄绕质心转动惯量：$0.015\text{kg} \cdot \text{m}^2$。

② 连杆原始参数

连杆长度：$0.27\sim0.31\text{m}$。

连杆质心到 B 点的距离：$L_{BC}/2$。

连杆质量：0.3kg。

连杆绕质心转动惯量：$0.00081\text{kg} \cdot \text{m}^2$。

③ 滑块原始参数

滑块质量：0.2kg。

偏距值（上为正）：$0\sim0.035\text{m}$。

④ 电机（曲柄）参数

额定功率：90W。

特性系数：9.724（r/min）/（$\text{N} \cdot \text{m}$）。

2. 测试原理

曲柄导杆滑块（曲柄滑块）机构的运动参数主要通过曲柄上的角位移传感器、滑块上的线位移传感器、机架振动角速度传感器和 A/D 转换器进行数据采集、转换和处理，并输入计算机，显示出相应的曲线和数据，实验台测试原理如图 2-26 所示。

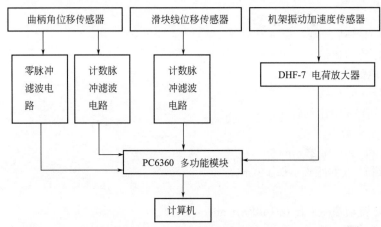

图 2-26 曲柄导杆滑块机构运动参数测试综合实验台测试原理

3. 软件界面及操作流程

曲柄导杆滑块机构运动参数测试综合实验台软件操作界面应对应于所组成的机构——曲柄导杆滑块机构和曲柄滑块机构，其操作界面切换流程如图 2-27 所示。

软件的操作流程如下。

① 开启实验台电机，待机构运转稳定后，在软件界面中输入有关参数，然后选择"仿真"或"测试"，进入实验界面。

② 点击该实验界面中的"仿真"，计算机对该机构进行仿真，显示出对应的动态参数的理论波形图。

③ 点击该实验界面中的"测试"，进行数据采集和分析，显示对应的动态参数的波形图。

④ 如果要进行其他测试项目，可点击"返回"，计算机回到参数输入界面，以后从第②步起再进行实验。

⑤ 实验结束，点击"退出"。

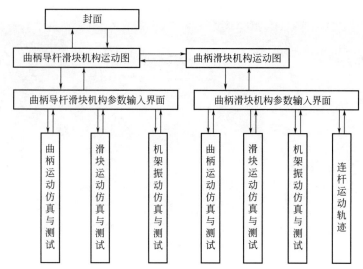

图 2-27 曲柄导杆滑块机构运动参数测定综合实验台界面切换流程

4. 实验步骤

① 取下设备上的玻璃罩。

② 按要求设计曲柄导杆滑块机构和曲柄滑块机构，调整各杆的尺寸并记录数据。

③ 打开计算机，进入相应的操作界面，并输入所测量的数据。注意电机功率 $P = 90\text{W}$，特性系数为 9.724（r/min）/（N·m）。

④ 将速度旋钮调节到最小后，打开电源，慢慢调节电机到所要求的转速。

⑤ 点击"仿真"按钮后屏幕出现理论曲线。

⑥ 点击"测试"按钮后屏幕出现实测曲线。

⑦ 分析两曲线的不同点。

⑧ 画出所需要的曲线。

⑨ 完成其他实验项目。

5. 思考题

① 衡量机械速度波动的指标是什么？是如何定义的？

② 如何调节机械速度波动的幅度？

6. 实验报告要求

① 写出曲柄导杆滑块机构和曲柄滑块机构中各个组成杆件的尺寸。

② 绘制曲柄导杆滑块机构和曲柄滑块机构的机构运动简图。

③ 在坐标纸上，按照一定比例，绘制出当曲柄转速为_____ r/min 时，机构中滑块相对于曲柄转角（每 30°为一间隔）的位移、速度和加速度的运动曲线。

④ 完成上述思考题。

B. 曲柄摇杆机构运动参数测定

ZNH-A/2 曲柄摇杆机构运动参数测试综合实验台由驱动部分、曲柄摇杆四杆机构、光栅式角位移传感器、压电式加速度传感器和测试系统组成。可进行曲柄、摇杆运动的仿真和曲柄的角位移、角速度、角加速度测试，同时可进行机架振动的测试，如图 2-28 所示。

1. 曲柄摇杆机构主要技术参数

① 曲柄原始参数

曲柄长度 L_{AB}：0.04～0.06mm。

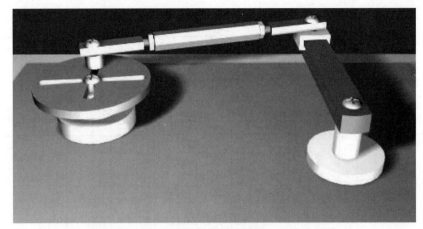

图 2-28　曲柄摇杆机构运动参数测试综合实验台

曲柄质量：2.55kg。

曲柄绕质心转动惯量：0.00475kg·m^2。

② 连杆原始参数

连杆长度：0.27～0.30mm。

连杆质心到 B 点的距离：连杆长度的 1/2。

连杆质量：0.55kg。

连杆绕质心转动惯量：0.0045kg·m^2。

③ 摇杆原始参数

摇杆长度：0.13～0.18mm。

摇杆质心到 C 点的距离：0.14m。

摇杆质量：0.624kg。

摇杆绕质心转动惯量：0.05kg·m^2。

④ 机架原始参数

机架铰链的距离：0.30m。

机架总质量：32.65kg。

⑤ 电机（曲柄）参数

额定功率：90W。

特性系数：9.724（r/min）/（N·m）。

2. 测试原理

ZNH-A/2 曲柄摇杆机构运动参数测试综合实验台的运动参数通过曲柄和摇杆上的角位移传感器、机架振动角速度传感器和 A/D 转换器进行数据采集、转换和处理，并输入计算机，显示出相应的曲线和数据，实验台测试原理如图 2-29 所示。

3. 软件界面及操作流程

曲柄摇杆机构运动参数测试综合实验台软件操作界面切换流程如图 2-30 所示。

软件的操作流程如下。

① 开启实验台电机，待机构运转稳定后，在软件界面中输入有关参数，然后选择"仿真"或"测试"，进入实验界面。

② 点击该实验界面中的"仿真"，计算机对该机构进行仿真，显示出对应的动态参数的理论波形图。

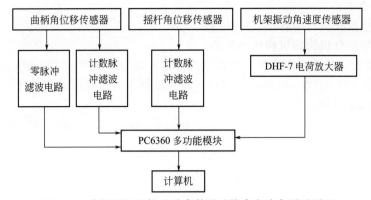

图 2-29 曲柄摇杆机构运动参数测试综合实验台测试原理

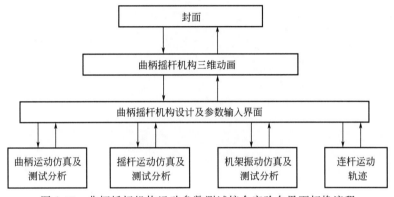

图 2-30 曲柄摇杆机构运动参数测试综合实验台界面切换流程

③ 点击该实验界面中的"测试",进行数据采集和分析,显示对应的动态参数的波形图。

④ 如果要进行其他测试项目,可点击"返回",计算机回到参数输入界面,以后从第②步起再进行实验。

⑤ 实验结束,点击"退出"。

4．实验步骤

① 取下设备上的玻璃罩。

② 按要求设计曲柄摇杆机构,调整各杆的尺寸并记录数据。

③ 打开计算机,进入相应的操作界面,并输入所测量的数据。注意电机功率 $P=90\mathrm{W}$,特性系数为 9.724（r/min）/（N·m）。

④ 将速度旋钮调节到最小后,打开电源,慢慢调节电机到所要求的转速。

⑤ 点击"仿真"按钮后屏幕出现仿真曲线。

⑥ 点击"测试"按钮后屏幕出现实测曲线。

⑦ 分析两曲线的不同点。

⑧ 画出所需要的曲线。

⑨ 完成其他实验项目。

5．思考题

机构运动参数理论值与实际值产生误差的原因有哪些?

6. 实验报告要求

① 写出曲柄摇杆机构中各组成杆件的尺寸。

② 绘制曲柄摇杆机构的机构运动简图。

③在坐标纸上，按照一定比例，绘制出当曲柄转速为_____r/min 时，机构中摇杆相对于曲柄转角（每 30°为一间隔）的摆角、角速度和角加速度的运动曲线。

④ 完成上述思考题。

第三章　互换性与技术测量实验

实验名称：尺寸测量

实验编号：0301
实验类别：验证性
实验性质：必开

相关课程：互换性与技术测量
适用专业：机械类各专业

A. 用投影立式光学计对轴进行等精度测量

一、实验目的

① 巩固测量误差分析和统计特性的基本概念。

② 了解投影立式光学计的结构原理和使用方法。

③ 学会对直接测量结果的处理方法。

④ 掌握量块的正确使用方法。

二、实验内容

用投影立式光学计对轴的某一部位进行多次重复测量（本实验定为 20 次），计算出测量值的平均值及算术平均值的标准偏差，最后确定被测件实际尺寸的变化范围。

三、实验仪器及测量原理

投影立式光学计的主要技术规格：刻度值 0.001mm，示值范围 ± 0.1mm，测量范围 0～180mm。

投影立式光学计利用标准量块与被测零件相比较来测量零件外形的微差尺寸，即先根据被测件的基本尺寸 L 组合量块组作为标准量，调整仪器的零位，再在仪器上测量出被测件与基本尺寸 L 的偏差 ΔL，就可求出被测量 D（$D=L+\Delta L$）。

投影立式光学计的测量原理如图 3-1 所示，由白炽灯泡 1 发出的光线经过聚光镜 2 和滤色片 6，再通过隔热玻璃 7 照明分划板 8 的刻线面，再通过反射棱镜 9 后射向准直物镜 12。由于分划板 8 的刻线面置于准直物镜 12 的焦平面上，所以成像光束通过准直物镜 12 后成为一束平行光入射于平面反光镜 13，根据自准直原理，分划板刻线的像被平面反光镜 13 反射后，再经准直物镜 12 被反射棱镜 9 反射成像在投影物镜 4 的物平面上，

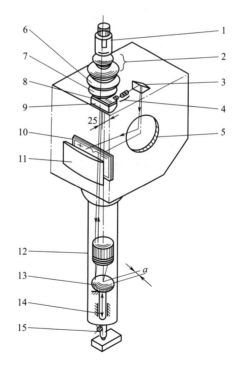

图 3-1　投影立式光学计的测量原理

1—白炽灯泡；2—聚光镜；3—直角棱镜；4—投影物镜；5—反光镜；6—滤色片；7—隔热玻璃；8—分划板；9—反射棱镜；10—投影屏；11—读数放大镜；12—准直物镜；13—平面反光镜；14—测量杆；15—测帽

然后通过投影物镜 4、直角棱镜 3 和反光镜 5 成像在投影屏 10 上，通过读数放大镜 11 观察投影屏 10 上的刻线像。

由于测帽 15 接触工件后，其测量杆 14 使平面反光镜 13 倾斜了一个角度 ϕ，在投影屏上就可以看到刻线的像也随着移动了一定的距离，如图 3-2 所示，其关系计算如下。

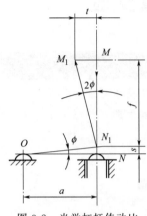

图 3-2　光学杠杆传动比

设测量杆移动的距离为 s，平面反光镜则以 O 为轴线摆动 ϕ 角，因 $\tan\phi = s/a$（其中 a 为测量杆轴线至平面反光镜的摆动轴线的距离），故 $s = a\tan\phi$。又设入射在平面反光镜上的主光线为 MN，根据反射定律，当平面反光镜转动了 ϕ 角度时，其反射光线与入射光线夹角应为 2ϕ，因此 M 点转动到 M_1 点，令 $MN_1 = f$（即准直物镜焦距），则 $\tan2\phi = t/f$，故 $t = f\tan2\phi$，因此光学杠杆的传动比 $k = t/s = (f\tan2\phi)/(a\tan\phi)$。由于 ϕ 很小，可视 $\tan2\phi = 2\phi$，$\tan\phi = \phi$，故 $k = 2f/a$。

令 $f = 200\text{mm}$，$a = 5\text{mm}$，物镜放大率为 18.75，读数放大镜放大率为 1.1，则投影光学计的总放大率 $n = \dfrac{2 \times 200}{5} \times 18.75 \times 1.1 = 1650$。由此可知，当测量杆移动一个微小的距离 0.001mm 时，经过 1650 倍放大后，就相当于在投影屏上看到的 1.65mm 的距离。

投影立式光学计的结构如图 3-3 所示，其主要组成部分为投影光学计管，整个光学系统都安装在光学计管内。

四、实验步骤

① 选择测帽。当测量平面工件时，选用球面测帽；测量球形工件时，选用平面测帽；测量圆柱形工件时，选用刃形测帽。

② 根据被测圆柱体公称尺寸组合量块。

③ 调整仪器。

a. 将选好的量块放在工作台中央，使测帽对准量块的上测量面。

b. 松开横臂固定螺钉，旋转升降螺母进行粗调，使测帽接近量块的上测量面，然后锁紧紧固螺钉。

c. 松开测量管固定螺钉，利用细调手轮进行细调，使投影屏中标尺像零位与虚线重合，然后锁紧测量管固定螺钉。

d. 利用微调手轮进行微调，直到投影屏中标尺像零位与虚线完全重合。

e. 反复按压几次测帽提叉，检查零位是否稳定。稳定后，按压测帽提叉取下量块。

④ 测量。将被测轴置于工作台上，对同一部位按要求次数进行重复测量。测量时，被测轴从测帽下缓慢滚过，在投影屏上读取最大值（即读数转折点），此读数就是被测尺寸相对量块尺寸的偏差。读数时应注意正、负号。

⑤ 记录数据，进行数据处理，判断被测件的合格性，填写实验报告。

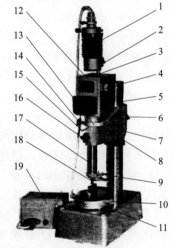

图 3-3　投影立式光学计的结构

1—投影灯；2—投影灯固定螺钉；3—支柱；
4—零位微动螺钉；5—立柱；6—横臂固定螺钉；
7—横臂；8—微动偏心手轮；9—测帽提升器；
10—工作台调整螺钉；11—工作台底盘；
12—壳体；13—微动托圈；14—微动托圈
固定螺钉；15—光管定位螺钉；16—测量
管固定螺钉；17—测量管；18—测帽；
19—6V15W 变压器

五、数据处理

计算出测量值 L_i 的算术平均值 $\overline{L}\left(\overline{L}=\dfrac{1}{n}\sum L_i\right)$，根据 $\overline{L}$ 计算出各次的残差 v_i（$v_i=L_i-\overline{L}$）及 v_i^2，再由 v_i^2 算出单次测量值的标准偏差 $\sigma\left(\sigma=\sqrt{\dfrac{1}{n-1}\sum_{i=1}^{n}v_i^2}\right)$，按照单次测量值的极限误差 $\delta_{\lim}$（$\delta_{\lim}=\pm3\sigma$）检查所有的残差 v_i，若某个 $|v_i|>3\sigma$，则该残差为粗大误差，应予以剔除。再重新计算上述所列各值，直到粗大误差全部剔除为止，然后根据最新的 σ 计算出测量值算术平均值的标准偏差 $\sigma_{\overline{L}}\left(\sigma_{\overline{L}}=\dfrac{\sigma}{\sqrt{n}}\right)$，最后得出测量结果 d（$d=\overline{L}\pm3\sigma_{\overline{L}}$）。

六、注意事项

① 使用仪器要小心，不得有任何碰撞，按压测帽提叉时不要用力过大。

② 手持量块及被测件的时间不宜过长，以减少热膨胀而造成的测量误差。

③ 注意保护量块，不得划伤测量面或掉落在地上。

④ 测量完毕后，量块及被测件应放好。

七、思考题

① 用投影立式光学计能否进行绝对测量？

② 残差之和 $\sum v_i$ 是多少？

八、实验报告要求

① 写出实验内容。

② 写出实验仪器型号及主要技术规格。

③ 写出被测件的基本尺寸及上、下偏差，所用量块的尺寸及精度等级。

④ 测量并记录（可自行设计表格）仪器读数（偏差）（μm）、实际尺寸 L_i（mm）。

⑤ 计算平均值 $\overline{L}$（mm）、残差 v_i（μm）、v_i^2、单次测量值的标准偏差 σ（μm）、测量量算术平均值的标准偏差 $\sigma_{\overline{L}}$（μm）、测量结果 $d=\overline{L}\pm3\sigma_{\overline{L}}$（mm）。

⑥ 完成上述思考题。

B. 用内径量表测量轴套孔径

一、实验目的

① 了解内径量表的测量原理。

② 掌握用内径量表测量的方法。

二、实验仪器及测量原理

内径量表的主要技术规格：刻度值 0.001mm，示值范围 0～1mm，测量范围 35～50mm。

内径量表是用来测量深孔或公差等级较高的孔的常用量具（相对测量）。它由指示表和装有杠杆系统的测量装置组成，如图 3-4（a）所示。测量时，活动量柱的移动可经杠杆系统传给指示表。内径指示表的两个测头放入被测孔内后，应位于被测孔直径方向上，这是由弦片（定位片）保证的，如图 3-4（b）所示。弦片借弹簧力始终和被测孔接触，其接触点的连线和直径是垂直的，这样就可使量柱位于被测孔直径上。

三、实验步骤

① 组合量块，选择相应的固定测头。

② 根据孔的基本尺寸 L 组合成量块组，将选用的量块组放入量块夹内夹紧，用于仪器调零。若没有量块夹，也可用千分尺代替。

③ 调整仪器。用手握住绝热套，把活动测头放入量块夹，靠在量块上（或千分尺内），以保证固定测头不与量块接触造成摩擦。然后在垂直两个方向摆动内径量表，寻找转折点，

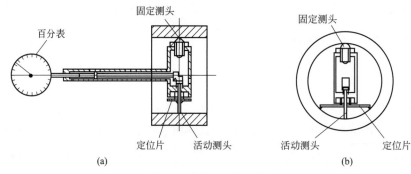

固定测头

百分表

固定测头

定位片　活动测头

活动测头　定位片

(a)

(b)

图 3-4　内径量表的结构

反复摆动几次并相应地旋转表盘使千分表的零刻线正好对准转折点。调好后，手按定位板缓缓地把内径量表取出。

④ 测量轴套。把内径量表放入被测轴套孔内，沿被测孔的轴线方向取几个截面，每个截面都要在相互垂直的两个方向上各测量一次。测量时轻轻摆动量表，寻找转折点，记下示值变化最小值，即被测孔径相对零位的偏差 ΔL，注意偏差的正、负号，则被测孔径 $D = L + \Delta L$。图 3-5 所示为测量示意。

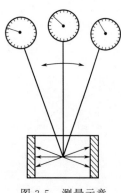

图 3-5　测量示意

⑤ 数据处理，根据公差要求判别轴套的适用性。

四、思考题

① 测量时内径量表为何要在工件内摆动？

② 该测量方法属于相对测量法还是绝对测量法？

五、实验报告要求

① 写出实验内容。

② 写出实验仪器型号及主要技术规格。

③ 写出被测件的基本尺寸及上、下偏差。

④ 测量并记录（可自行设计表格）仪器读数（偏差）（μm）。

⑤ 写出合格性结论及理由。

⑥ 完成上述思考题。

C. 用万能测长仪测量轴承内圈孔径

一、实验目的

① 了解万能测长仪的结构。

② 掌握万能测长仪的操作方法及所能进行的主要测量项目。

二、实验内容

实验以环规作为内尺寸的标准量，用万能测长仪测量轴承内圈孔径。

三、实验仪器

JD25-D 数字式万能测长仪的主要技术规格：数字显示当量 0.0001mm，测量范围绝对测量时为 0～100mm，相对测量时外尺寸为 0～500mm，内尺寸为 10～200mm。

万能测长仪是一种用于绝对测量和相对测量的精密长度测量仪器，具有较高的测量精度，广泛用于企事业单位的计量室、实验室和各级专业计量鉴定部门。JD25-D 数字式万能测长仪采用光栅数显技术，是集光、机、电（算）一体化的高技术产品，配备数显箱，测量长度值以数字显示，直观、方便。仪器设计符合阿贝原理并采用了精密的测量系统，具有较高的测量准确度和测量效率。同时，又配有许多专用附件，扩大了其适用范围。其主要测量对象包括光滑圆柱形零件的直径、两平行平面间的距离以及内、外螺纹的中径等。JD25-D

数字式万能测长仪的结构如图 3-6 所示。工作台可以升降、前后移动、水平回转、垂直摆动及自由浮动，测量时利用工作台的各种运动，调整工件至正确的测量位置。

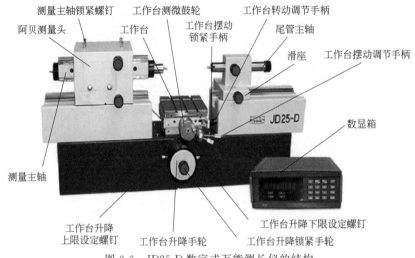

图 3-6　JD25-D 数字式万能测长仪的结构

四、实验步骤

① 将工作台降至最低，把环规放在工作台上用压板压紧（注意环规上的刻线记号与测量方向一致），然后把两测钩对在一起（用手握住），缓缓地把工作台升起，使两测钩深入环规内至所需的测量位置，用升降锁紧手轮锁紧工作台，扶住活动测钩并缓慢地向左移动，让两个测钩与环规孔壁轻轻接触，如图 3-7 所示。

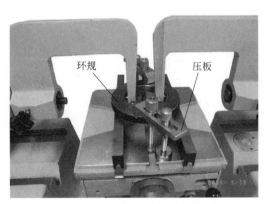

图 3-7　工件和测钩的安装

② 借助测微轮鼓，使工作台前后移动，同时注意观察数显箱上的显示值，直至找到最大示值位置（数据由大变小的转折点）为止 [图 3-8(a)]。此时，测量轴线（两测头连线）处于被测孔的轴剖面内。

③ 当工作台倾斜时，即测量轴线与被测孔轴线不垂直时，还要借助摆动调节手柄调节工作台的水平位置，使数显箱的读数出现最小示值（数据由小变大的转折点）[图 3-8(b)]，然后用摆动锁紧手柄锁紧。

④ 当上述两转折点都找到后，环规处于正确的测量位置，可读取示值 a_1。

⑤ 卸下环规，把工件装上，沿被测孔的轴线方向取几个截面，每个截面都要在相互垂直的两个方向上各测一次。重复步骤①～④，读取示值 a_2。

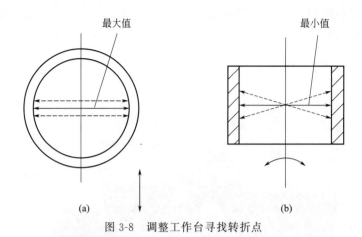

图 3-8　调整工作台寻找转折点

⑥ 数据处理：工件孔径的实际尺寸为 D，$D = L + (a_2 - a_1)$，L 为环规上所标注的尺寸。

⑦ 测量结束，卸下工件。

五、注意事项

① 更换工件时或工件调转测量方向时，必须将工作台降至最低处才可将压板松开。

② 活动测头复位时，应用手扶住缓慢复位。

③ 装夹工件时压板应对称装夹，同时夹紧。

六、思考题

① 万能测长仪的工作台共有几种运动？为什么要有这些运动？

② 测长仪的设计是否符合阿贝原则？

七、实验报告要求

① 写出实验内容。

② 写出实验仪器型号及主要技术规格。

③ 写出被测件的基本尺寸及上、下偏差。

④ 写出标准环规的尺寸（mm）。

⑤ 测量并记录标准环规在仪器上的读数 a_1（mm）、被测件在仪器上的读数 a_2（mm）。

⑥ 计算测量结果（mm）。

⑦ 写出合格性结论及理由。

⑧ 完成上述思考题。

实验名称：形位误差的测量

实验编号：0302	相关课程：互换性与技术测量
实验类别：验证性	适用专业：机械类各专业
实验性质：必开	

A. 塞规的尺寸误差及形位误差的测量

一、实验目的

① 了解轴类零件的尺寸误差和形位误差的测量方法。

② 掌握由测得数据判别零件合格性的方法。

③ 巩固所学的尺寸公差和形位公差的概念。

二、实验内容

用投影立式光学计测量塞规，并根据零件测量的结果按照所给的尺寸公差及形位公差得出适用性结论。

三、实验仪器及测量原理

与实验 0301 中的 A 相同。

四、实验步骤

① 仪器调整与实验 0301 中 A 相同。

② 取下量块将塞规放上，按照实验要求进行测量，将测量数据记录到实验报告中。

五、实验要求

在塞规的圆柱面上均匀地选取四条素线（每条素线相隔 90°），每条素线上测三个点，分别是两端点和中点（端点位于距端面 2mm 处），按轴的验收极限判断其合格性。

六、数据处理

① 局部实际尺寸：所有测量位置的实际尺寸应满足最大和最小极限尺寸。

② 形位误差：素线直线度误差、素线平行度误差均应在相应公差范围内。

三 示例

若测得的数据如表 3-1 所示，用作图法求其直线度及平行度误差。

表 3-1　投影立式光学计测量数据

测量方向	实际偏差/μm		
	Ⅰ	Ⅱ	Ⅲ
A—A	−21	−23	−22
A′—A′	−20	−21	−22
B—B	−19	−22	−19
B′—B′	−20	−21	−25

以横坐标代表测量位置Ⅰ、Ⅱ、Ⅲ，其方向与基准直线平行，基准直线由仪器工作台模拟，以纵坐标代表实际偏差。用作图法求解，如图 3-9 所示（坐标轴取在偏差为 −20μm 处）。

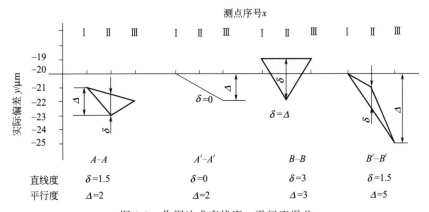

图 3-9　作图法求直线度、平行度误差

素线直线度误差 f_-：按非定向最小包容区域纵坐标方向的宽度取值（δ），取四个值中的最大值作为素线的直线度误差，$f_-=3\mu\text{m}$。

素线平行度误差 $f_{/\!/}$：按定向最小包容区域纵坐标方向的宽度取值（Δ），取四个值中的最大值作为素线的平行度误差，$f_{/\!/}=5\mu\text{m}$。

七、思考题

仪器的测量范围和标尺的示值范围有何不同？

八、实验报告要求

① 写出实验内容。

② 写出实验仪器型号及主要技术规格。

③ 写出被测件的基本尺寸及上、下偏差和形位公差，所用量块的尺寸及精度等级。

④ 测量并记录仪器读数（偏差）（μm）（可自行设计表格）。

⑤ 用作图法求素线直线度误差（μm）、素线平行度误差（μm）。

⑥ 写出合格性结论及理由。

⑦ 完成上述思考题。

B. 导轨平行度的测量

一、实验目的

① 巩固已学的平行度公差概念。

② 掌握平行度误差的测量及对数据处理的方法。

③ 学会正确使用电子水平仪。

二、实验仪器及测量原理

电子水平仪的主要技术规格如下。

① 显示范围：各挡 $0\sim\pm1999$（数字）。1个数与电子水平仪相应量程挡的分辨力数值相同。

② 测量范围：$\leqslant\pm500$（数字）。

③ 分辨力（分度值）：Ⅰ挡为 0.01mm/m；Ⅱ挡为 0.005mm/m。

④ 示值误差：$\pm(1+A\times2\%)$，A 为受检点标称值的绝对值。

⑤ 读数稳定时间：$\leqslant5\text{s}$。

⑥ 漂移：$\leqslant4$ 个数/4h。

⑦ 各量程零位的一致性：$\leqslant1$ 个数。

⑧ 重复性：$\leqslant1$ 个数。

⑨ 零值误差：$\leqslant1$ 个数。

⑩ 调零范围：$>\pm400$（数字）。

数显式电子水平仪（图 3-10）是采用高灵敏度的差动空气阻尼电容式传感器，将感受到的微小角度位移，经转换电路转换成电压信号，经放大、检相、滤波后由数字显示器显示的一种小角度测量仪器。其测量原理如图 3-11 所示。

被测水平面的水平调整方法如下。

① 根据测量精度的需要，选择合适的分度值挡位，一般可先用Ⅰ挡粗调，然后用Ⅱ挡细调。

② 将电子水平仪放在被测平面上，记录电子水平仪的显示值 a_1，然后把电子水平仪原位调转 $180°$ 再测，记下电子水平仪的显示值 a_2，则被测平面相对自然水平面倾斜的误差为 $\dfrac{a_1-a_2}{2}$，根据计算结果调整被测平面使电子水平仪在上述两个位置时的显示值相等，符号相同。此时，被测工作面处于水平。

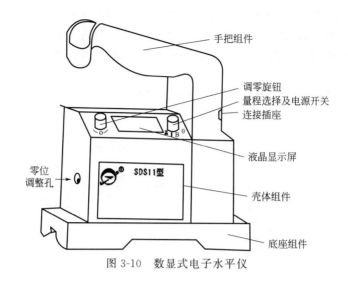

图 3-10　数显式电子水平仪

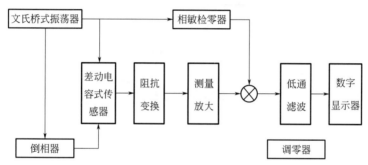

图 3-11　电子水平仪的测量原理

示例

第一次测量显示值 $a_1 = 120$，调转 $180°$ 后测得 $a_2 = -40$，则被测平面对自然水平面倾斜的误差为 $\dfrac{120 - (-40)}{2} = 80$。

调整工作面，直至 a_1、a_2 两次测量示值均为 40，工作面对自然水平面倾斜的误差为 0。

再调整电子水平仪的调零旋钮，使电子水平仪显示为 "0"。此时，电子水平仪处于绝对零位。

三、测量步骤

① 确定作为基准的导轨，量出其被测表面总长，确定相邻两测点之间的距离（跨距），按跨距 L 调整桥板的两圆柱中心距。

② 将电子水平仪放在桥板上，然后桥板从导轨的一端开始依次放在各节距的位置上，在电子水平仪放置的每一个节距处，记录下电子水平仪液晶显示屏上显示的数据，将数据记入实验报告。

③ 以第一点为基准算出其他各点的累积值，并按照算出的累积值以适当的比例画出导轨的误差曲线。

④ 将被测导轨按上述步骤进行测量，并将测量数据记入实验报告，画出其误差曲线。

四、数据处理

① 画两条误差曲线的比例应一致。

② 作为基准的导轨按最小包容区域的判别准则，用两条平行直线包容误差曲线，则两条平行直线即为另一条被测导轨的基准，再以此平行直线（注意平行直线的方向不能改变）包容被测导轨的误差曲线，两条包容直线沿纵坐标方向的距离即为被测导轨的平行度误差。

③ 根据给定的平行度公差对导轨作出合格性判断。

 示例

测得的数据如表 3-2 所示，桥板跨距为 100mm，求平行度误差。

表 3-2　平行度误差测量数据

测点		0	1	2	3	4	5	6
基准要素	读数	0	1	2	-1	1	1	2
	累积	0	1	3	2	3	4	6
被测要素	读数	0	2	3	2	2	1	-1
	累积	0	2	5	7	9	10	9

横坐标代表测量位置，纵坐标代表测量值，用作图法求解平行度误差，如图 3-12 所示。

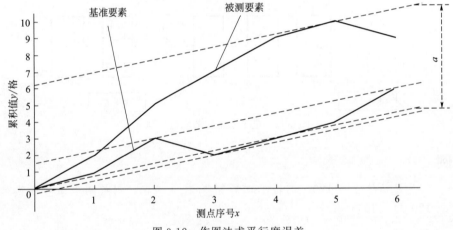

图 3-12　作图法求平行度误差

平行度误差 $f_{/\!/}=aiL=6.2\times0.01\times100=6.2\mu m$。

五、思考题

① 为什么误差图形上的误差值是按照纵坐标方向取值？

② 在本实验中，你所测的导轨分成了几段？几个测点？

六、实验报告要求

① 写出实验内容。

② 写出实验仪器型号及主要技术规格。

③ 写出桥板跨距、被测件的名称及平行度公差。

④ 测量并记录基准要素仪器读数（格）、累积值（格），被测要素仪器读数（格）、累积值（格）（可自行设计表格）。

⑤ 用作图法求导轨的平行度误差（μm）。

⑥ 写出合格性结论及理由。

⑦ 完成上述思考题。

C. 平板平面度的测量

一、实验目的

① 加深对平面度公差概念的理解。

② 掌握平面度误差的测量方法及评定。

二、实验内容

一般平面度误差可以用合像水平仪、指示表、自准直仪或电子水平仪等来进行测量。在检测较大平板时通常是按一定的布线方式测量若干直线上各点，再经过适当的数据处理统一为对选定基准平面的坐标值，然后再按一定的评定方法确定其误差值，这种方法都是以直线误差检测中原始数据获得方法为基础的。本实验利用百分表进行平板平面度误差的测量，故这里仅以百分表为例来说明平面度的测量方法。图 3-13 所示为用百分表测量平面度误差，由于选了一个大平板作为基准并且指示表底座在该平板上，基准统一，故数据处理时不用进行累加，测量时的布点方式如图 3-14 所示。

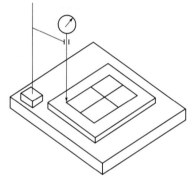

图 3-13　用百分表测量平面度误差

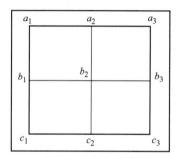

图 3-14　布点方式

三、测量步骤

① 选择一个比被测平板大的平面作为基准（其精度高于被测平板），将被测平板放在上面并在被测平板上画出测点位置（四周的点距边缘约 10mm）。

② 用百分表的测头轻轻触到测点上，稍微有些压缩量。

③ 按照选好的路线进行逐点测量并记下读数。

四、数据处理

① 平面度误差的评定方法主要有远三点平面法、对角线平面法和最小条件法等。其中，使用最小条件法评定时，实际被测平面的测点中应至少有四个测点分别与两个平行的包容平面接触，且满足下列条件之一。

a. 三角形准则：至少有三个高（低）点与一包容平面接触，有一个低（高）点与另一包容平面接触，并且这个低（高）点的投影能落在上述三个高（低）点连成的三角形内，如图 3-15(a) 所示。

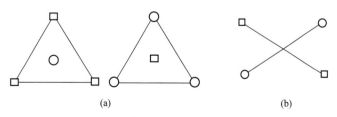

(a)　　　　　　　　　　　　(b)

图 3-15　平面度误差最小包容区域判别准则

○—高点；□—低点

b. 交叉准则：至少有两个高点和两个低点分别与两个平行的包容平面接触，且两高点的连线与两低点的连线在空间呈交叉状态，如图3-15(b)所示。

② 根据给定的平面度公差对被测平面给出合格性结论。

示例

图3-16(a)所示为被测平面上的9个测点，分别用对角线平面法和最小条件法求其平面度误差。

① 用对角线平面法评定平面度误差如图3-16所示。

为了获得对角线平面，将被测平面旋转两次，旋转轴分别是a_1c_3和a_3c_1，使a_3、c_1两点和a_1、c_3两点分别等值，旋转过程如图3-16(a)～(d)所示。从图3-16(d)可以看出，最高点为b_2，最低点为b_1，因此平面度误差值为$f_{\square}=(+20)-(-11)=31\mu m$。

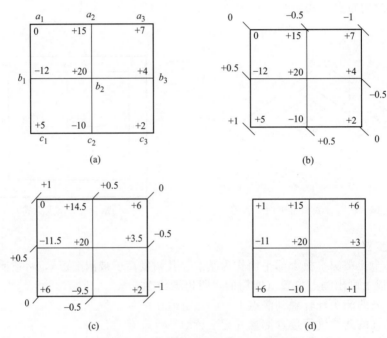

图3-16　按对角线平面法评定平面度误差

② 用最小条件法评定平面度误差如图3-17所示。

分析图3-17(a)，估计被测表面中央较高，初步按最小条件的三角形准则处理数据。选a_3、b_1、c_2三点为三个低点。首先以a_3c_1为转轴，旋转后使b_1、c_2两点等值；再以b_1c_2为转轴，旋转后使b_1、c_2、a_3三点等值。旋转过程如图3-17(a)～(d)所示。从图3-17(d)可以看出，a_3、b_1、c_2为三个等值最低点，最高点为b_2，且点的投影能落在a_3、b_1、c_2三点连成的三角形内，符合最小条件的三角形准则，因此平面度误差值为$f_{\square}=(+14)-(-11)=25\mu m$。

五、思考题

① 实验中，你处理数据的方法是否满足最小条件？为什么？

② 试述平面度误差最小包容区域的判别准则？

六、实验报告要求

① 写出实验内容。

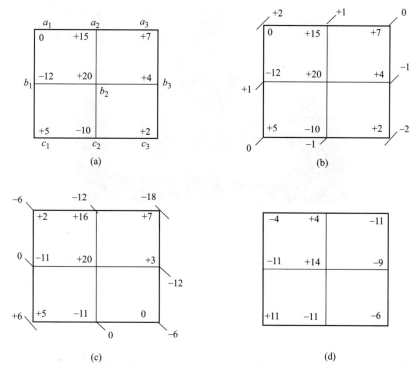

图 3-17　按最小条件法评定平面度误差

② 写出实验仪器型号及主要技术规格。
③ 写出被测件的名称、尺寸及平面度公差。
④ 测量并记录，用图示法。
⑤ 列出详细的数据处理过程，求出平板的平面度误差（μm）。
⑥ 写出合格性结论及理由。
⑦ 完成上述思考题。

D. 圆跳动的测量

一、实验目的
① 加深对圆跳动概念的理解。
② 掌握圆跳动的检测方法。

二、实验内容
用齿轮跳动检测仪测量齿轮毛坯的圆柱面对基准轴线的径向圆跳动和径向全跳动；测量齿轮毛坯的右端面对基准轴线的端面圆跳动。

三、测量步骤
① 将被测零件固定在两顶针之间，如图 3-18 所示，并把指示表安装在要求的位置上。
② 齿轮工件回转一周，观察两个指示表的示值变化，被测件上方指示表的最大读数与最小读数之差即为径向圆跳动误差，被测件右侧指示表的最大读数与最小读数之差即为端面圆跳动误差。
③ 连续旋转齿轮毛坯并使上方的指示表沿工件的轴向移动（也可以使工件轴向移动），指示表的最大读数与最小读数之差即为径向全跳动误差。
④ 将测量数据记入实验报告。
⑤ 根据给定的公差，判断各项目的合格性。

图 3-18 圆跳动的测量

四、思考题

径向圆跳动测量能否代替同轴度误差测量？能否代替圆度误差测量？

五、实验报告要求

① 写出实验内容。

② 写出实验仪器型号及主要技术规格。

③ 写出被测件的名称及跳动公差。

④ 测量并记录最大值（μm）、最小值（μm）（可自行设计表格）。

⑤ 计算径向圆跳动误差（μm）、径向全跳动误差（μm）、端面圆跳动误差（μm）。

⑥ 写出合格性结论及理由。

⑦ 完成上述思考题。

实验名称：表面粗糙度的测量

实验编号：0303	相关课程：互换性与技术测量
实验类别：验证性	适用专业：机械类各专业
实验性质：必开	

A. 用光切显微镜测量表面粗糙度 *Rz*

一、实验目的

① 掌握采用轮廓的最大高度评定表面粗糙度的方法。

② 熟悉光切显微镜的测量原理及使用方法。

二、实验仪器及测量原理

光切显微镜如图 3-19 所示，它利用光切法原理在不破坏工件表面的条件下测量工件表面轮廓的最大高度 Rz。其主要技术规格：测量 Rz 的范围 $0.8\sim80\mu m$。

从图 3-20 可以看出从光源发出的光线经狭缝形成一条扁平的带状光束，以 $45°$ 的方向投射到被测表面上，犹如一平面以 $45°$ 方向与被测表面相截。由于被测表面并非理想平面，因此截面与被测表面的交线就出现凹凸不平的轮廓线。在另一 $45°$ 方向观察，就可以看到该轮廓线的影像，此凹凸不平即反映被测表面的不平度，其高度为

$$h = (h'/N)\cos45°$$

式中，h' 为影像高度；N 为物镜放大倍数。

影像高度 h' 是用目镜测微器来测量的，由于测微器中分划板十字线的移动方向与影像高度方向成 45°，因此用十字线中任一直线与影像的峰或谷相切来测量波高时，影像高度 $h' = h''\cos45°$，h'' 为十字线移过的实际距离，如图 3-21 所示，所以被测表面凹凸不平的高度为

$$h = (h'/N)\cos45° = h''\cos45°\cos45°/N =$$

$$h''/(2N) = KM/(2N)$$

式中，K 为测微套筒转过的格数；M 为测微套筒每转过一格十字线实际移动的距离。

令 $E = M/(2N)$，则 $h = KE$。仪器的分度值 E 随物镜的放大倍数不同而不同，根据所选物镜的放大倍数来确定。

图 3-19　光切显微镜

测微目镜
测微套筒
微调螺钉
升降螺母
工作台

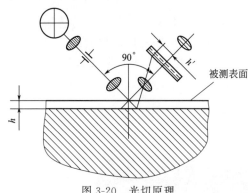

图 3-20　光切原理

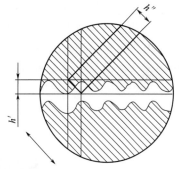

图 3-21　十字线移动方向

被测表面

三、测量步骤

① 被测工件放在工作台面上，被测表面的加工痕迹应与绿色光带垂直，并使被测表面平行于工作台表面，圆柱形或锥形工件可以放在工作台的 V 形块上。

② 接通电源，先旋转升降螺母粗调，看到光带后再微调，直到光带的一边轮廓影像非常清晰为止。

③ 松开测微目镜的紧固螺钉，转动测微目镜使其中十字线的水平线与光带平行，然后再紧固螺钉，此时目镜内十字线的移动方向与光带成 45°。

④ 旋转测微套筒，在按标准规定的取样长度范围内，使十字线的水平线与清晰的轮廓影像的最高点（峰）相切，记下读数 Z_P，然后再移动水平线与同一轮廓影像的最低点（谷）相切，记下读数 Z_V，然后计算出 Rz。$Rz = Z_P - Z_V$（格）$= E(Z_P - Z_V)$（μm）。

⑤ 按上述方法测出连续 5 段取样长度上的 Rz 值，取这 5 个值中最大的 Rz 值作为轮廓的最大高度来评定。

⑥ 填写实验报告。

四、思考题

① 为什么只测量光带一边的最高点（峰）和最低点（谷）？

② 用光切显微镜能否测量表面粗糙度轮廓的算术平均偏差 Ra？

五、实验报告要求

① 写出实验内容。

② 写出实验仪器型号及主要技术规格。

③ 写出被测件的加工方法、取样长度、评定长度。

④ 测量并记录仪器读数（格）。

⑤ 计算 $Rz(\mu m)$、$Rz_{\max}(\mu m)$。

⑥ 写出合格性结论及理由。

⑦ 完成上述思考题。

B. 用手持式粗糙度检测仪测量轮廓的算术平均偏差 Ra

一、实验目的

① 加深对表面粗糙度轮廓幅度参数 Ra 的理解。

② 了解手持式粗糙度检测仪的原理、结构，并熟悉它的使用方法。

二、实验仪器及测量原理

测量工件表面粗糙度时，将传感器放在工件被测表面上，由手持式粗糙度检测（图 3-22）仪内部的驱动机构带动传感器沿被测表面等速滑行，传感器通过内置的锐利触针感受被测表面的粗糙度，此时工件被测表面的粗糙度引起触针产生位移，该位移使传感器电感线圈的电感发生变化，从而在相敏整流器的输出端产生与被测表面粗糙度成比例的模拟信号，该信号经过放大及电平转换后进入数据采集系统，DSP 芯片将采集的数据进行数字滤波和参数计算，测量结果在液晶显示器上读出。

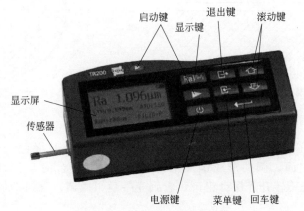

图 3-22 手持式粗糙度检测仪

三、测量步骤

1. 测量前的准备

① 开机检查电池电压是否正常。

② 擦净工件被测表面。

③ 参照图 3-23 将仪器正确、平稳、可靠地放置在工件被测表面上，并在测量方向留有足够的距离（距离应大于评定长度），避免传感器触针在测量时掉到工件外面。

④ 参照图 3-24，传感器的滑行轨迹必须垂直于工件被测表面的加工纹理方向。

2. 进入测量状态

① 按一下电源键，使仪器进入基本测量状态。若不需要修改测量条件，可直接执行步骤③。

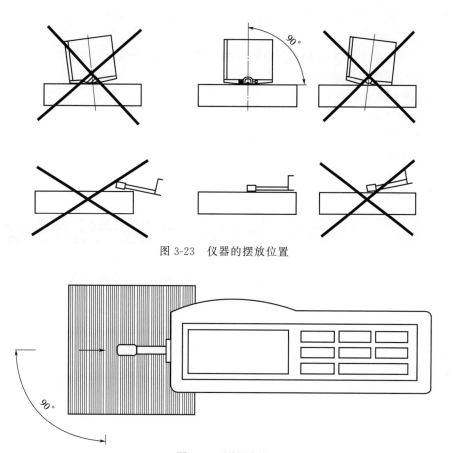

图 3-23　仪器的摆放位置

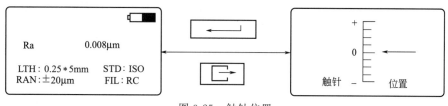

图 3-24　测量方向

② 按菜单键进入菜单操作状态，选取测量条件（开机时将显示上次关机时所设置的内容），然后再回到基本测量状态。

③ 按回车键可以快捷方式显示触针位置，如图 3-25 所示，若触针不指向零位，可上下调整仪器的位置，使触针指向 0±1（格）内。再按回车键，回到基本测量状态。

Ra 　　0.008μm	←	触针位置
LTH：0.25*5mm　STD：ISO		
RAN：±20μm　FIL：RC	→	

图 3-25　触针位置

④ 按启动键开始测量，待仪器完全停止返回到基本测量状态后，记录所测量的数据；若显示屏显示"超出量程"，则被测信号的最大值超出本量程范围，应按退出键返回，重新测量或增大量程范围。

⑤ 第一次按显示键显示本次测量的全部参数值，第二次按显示键显示本次测量的轮廓曲线。

⑥ 记录测量数据。

四、注意事项

① 传感器是仪器的精密部件，应精心维护，轻拿轻放，避免碰撞、剧烈震动。

② 测量圆柱面时，应使传感器的滑行轨迹与圆柱面的最高素线重合。

五、思考题

① 手持式粗糙度检测仪检测表面粗糙度的主要优点是什么？

② 试述手持式粗糙度检测仪的工作原理。

六、实验报告要求

① 写出实验内容。

② 写出实验仪器型号及主要技术规格。

③ 写出被测件的加工方法、取样长度、评定长度。

④ 测量并记录仪器读数 Ra（μm）、Ra_{max}（μm）。

⑤ 完成上述思考题。

实验名称：螺纹的测量

实验编号：0304	相关课程：互换性与技术测量
实验类别：验证性	适用专业：机械类各专业
实验性质：必开	

A. 用三针法测量螺纹中径

一、实验目的

掌握用三针法测量螺纹中径的方法。

二、实验内容

在万能测长仪上用三针法测量螺纹中径。

三、测量原理

三针法测量螺纹中径是一种比较精密的间接测量方法，测量时将三根等直径的精密量针放在被测螺纹的牙槽中，然后用测量外尺寸的量具测量尺寸 M，如图 3-26 所示，当 $\alpha/2=30°$ 时 $d_2=M-3d_0+0.866P$。为了消除螺纹半角误差的影响，应选择最佳直径的量针，使量针与牙型的切点恰好位于螺纹的单一中径处，量针的最佳直径为

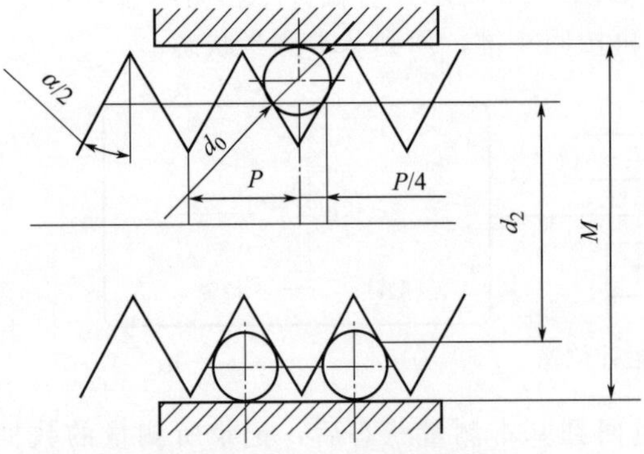

$$d_0=\frac{P}{2}\cos\frac{\alpha}{2}$$

对于公制螺纹 $\alpha/2=30°$，因此 $d_0=0.577P$。

四、测量步骤

① 根据被测螺纹的螺距计算并选择最佳量针直径 d_0，把量针挂在测长仪的测量支座上。

② 擦净两个测头，使它们接触后读出读数。

图 3-26　量针之间的距离 M

③ 将三根量针放入螺纹牙凹中，使测头与三针接触。

④ 转动升降手轮使工作台上下移动，观察数显箱读数，寻找最大示值（转折点）。

⑤ 调整转动调节手柄，使工作台在水平面内转动，观察数显箱读数，寻找最小示值（转折点）。

⑥ 记下读数，求出两者之差 M。

⑦ 将差值 M 代入前面有关公式进行计算，求出螺纹的中径 d_2。

⑧ 判别螺纹塞规的合格性。

五、思考题

用三针法测量螺纹中径时，怎样选择最佳三针直径？

六、实验报告要求

① 写出实验内容。

② 写出实验仪器型号及主要技术规格。

③ 写出被测螺纹参数及精度要求。

④ 列出三针最佳直径（mm）、实际选用三针直径（mm）。

⑤ 测量并记录仪器读数（mm）（可自行设计表格）。

⑥ 计算 M 值（mm）、实际中径 d_2（mm）。

⑦ 写出合格性结论及理由。

⑧ 完成上述思考题。

B. 用工具显微镜测量螺纹参数

一、实验目的

① 熟悉大型工具显微镜的正确使用方法。

② 学会用影像法测量螺纹各参数。

二、实验内容

用大型工具显微镜测量螺纹的螺距、中径及牙型半角。

三、实验仪器及测量原理

大型工具显微镜（图 3-27）的主要技术规格：X、Y 坐标显示当量为 $0.001mm$，X 坐标测量行程为 $0\sim150mm$，Y 坐标测量行程为 $0\sim75mm$，测角目镜测量角度为 $1'$，测角目镜角度分划范围为 $0°\sim360°$。

从光源发出的光，通过非球面聚光镜、滤光片、可变光阑，经反光镜反射垂直向上，通过聚光镜形成远心光束照明被测工件，再经过不同倍数的物镜，把放大的工件轮廓成像在目

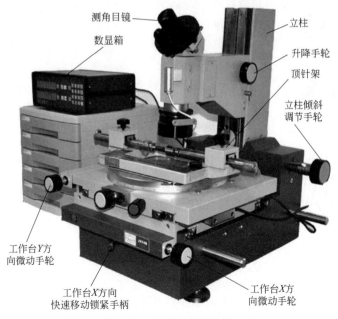

图 3-27 大型工具显微镜

镜分划板上，通过目镜便可看到工件的影像，由于工件是金属材料不透光，所以在目镜里看到的黑色影像便是工件，而绿色是背景。

本实验使用测角目镜，用影像法测量，即利用测角目镜分划板的"米"字中线（图中用 $A\text{-}A$ 表示）配合工作台的 X、Y 方向移动进行长度与角度的测量，测角目镜中所观察到的如图 3-28 所示。

图 3-28(a) 表示当 $A\text{-}A$ 线与被测螺纹牙型轮廓完全重合时，$A\text{-}A$ 线与 Y 坐标轴的夹角为 $30°16'$，如图 3-28(b) 所示。当小目镜里的角度读数为 $0°0'$ 或 $180°0'$ 时，则表示 $A\text{-}A$ 线垂直于 X 坐标轴，如图 3-29 所示。

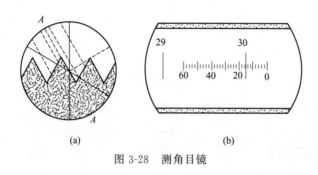

图 3-28　测角目镜　　　　　　　　　　　　图 3-29　$0°0'$ 时 $A\text{-}A$ 线的位置

由于螺纹有螺旋升角 ψ，测量时仪器的立柱应顺着螺旋线方向倾斜以使影像清晰。立柱的倾斜方向不但与螺纹旋向有关，而且在测量同一螺纹中径位置上的两个牙侧时应反向。图 3-30 所示为测量右旋螺纹时立柱应倾斜的两个不同方向。当测量 a 位置时立柱同物镜一起向左倾斜；当测量 b 位置时立柱同物镜一起向右倾斜。测量左旋螺纹时，立柱倾斜方向与上述相反。立柱倾斜的角度为 ψ，$\psi = \arctan\dfrac{nP}{\pi d_2}$，其中 P 为螺距，d_2 为中径。

在进行长度测量时，一般使用重叠对线法即压线法，如图 3-31(a) 所示，就是使 $A\text{-}A$ 线与影像边缘正好重叠，对线时以"米"字线的交叉点为依据，以 $A\text{-}A$ 线的延长线作为参考。在测量角度时，一般使用间隙对线法，如图 3-31(b) 所示，就是使 $A\text{-}A$ 线与影像边缘保持狭窄的光缝，其均匀性可确定对准的精度。

四、测量步骤

1. 螺距测量

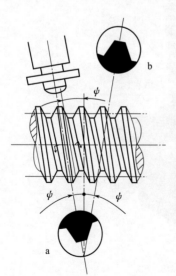

图 3-30　测量时立柱的方向

当仪器调整好后，移动工作台并旋转"米"字线，如图 3-32 所示，用压线法使 $A\text{-}A$ 线与螺纹影像的右侧边重合，记下 X 坐标数显值（第一次读数），然后 Y 方向和 $A\text{-}A$ 线都固定不动，只 X 方向移动工作台至 n 个螺距的长度，使 $A\text{-}A$ 线与另一同侧牙廓重合，再次记下 X 坐标数显值（第二次读数），两次读数之差 $nP_{右}$，即为 n 个螺距的实际长度。

为消除螺纹安装误差的影响，应在螺纹影像的左侧边再测量出 $nP_{左}$，取两者的平均值作为测量结果 $nP_{实}$，$nP_{实} = (nP_{右} + nP_{左})/2$，$n$ 个螺距的误差为 $\Delta P = nP_{实} - nP$。

2. 中径测量

移动工作台并旋转"米"字线，如图 3-33 所示，用压线法使 $A\text{-}A$ 线与螺纹影像的右侧边重合，并使"米"字线的交

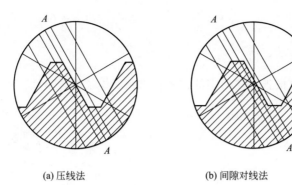

(a) 压线法　　　　　　　　(b) 间隙对线法

图 3-31　瞄准对线方法

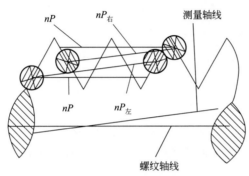

图 3-32　压线法测量螺距

叉点大至位于牙高的 $1/2$ 处，记下 Y 坐标数显值（第一次读数），然后 X 方向和 A-A 线都固定不动，立柱按照计算的 ψ 角倾斜到相反的方向，沿 Y 方向移动工作台，使 A-A 线与螺纹轴线另一侧相对应的牙廓重合，再次记下 Y 坐标数显值（第二次读数），两次读数之差即为螺纹的中径 $d_{2右}$。

同样，为消除螺纹安装误差的影响，应在螺纹影像的左侧边再测量出 $d_{2左}$，取两者的平均值作为测量结果，即 $d_{2实}=(d_{2右}+d_{2左})/2$，中径偏差为 $\Delta d_2 = d_{2实}-d_2$。

3. 牙型半角测量

移动工作台并旋转"米"字线，如图 3-34 所示，用间隙对线法使 A-A 线与螺纹影像的右侧边平行，记下小目镜里的读数 $\dfrac{\alpha}{2}(\text{I})$（即右半角），沿 X 方向移动工作台并旋转 A-A 线，使 A-A 线与同一螺纹影像的左侧边平行，再次记下小目镜里的读数 $\dfrac{\alpha}{2}(\text{II})$（即左半角）。

同理，为消除螺纹安装误差的影响，再测量出螺纹轴线另一侧的左、右半角，图 3-34 中左半角为 $\dfrac{\alpha}{2}(\text{IV})$，右半角为 $\dfrac{\alpha}{2}(\text{III})$。注意，当测量螺纹轴线另一侧的左、右半角时，立柱还应按照计算的 ψ 角倾斜到相反的方向。

此螺纹的实际左、右半角分别为

$$\frac{\alpha}{2}(\text{左})=\frac{\dfrac{\alpha}{2}(\text{II})+\dfrac{\alpha}{2}(\text{IV})}{2} \qquad\qquad \frac{\alpha}{2}(\text{右})=\frac{\dfrac{\alpha}{2}(\text{I})+\dfrac{\alpha}{2}(\text{III})}{2}$$

牙型半角偏差为

$$\Delta \frac{\alpha}{2}(左) = \frac{\alpha}{2}(左) - \frac{\alpha}{2} \qquad\qquad \Delta \frac{\alpha}{2}(右) = \frac{\alpha}{2}(右) - \frac{\alpha}{2}$$

式中，$\frac{\alpha}{2}$ 为牙型半角公称值。

将测量结果记入实验报告，按给定的技术要求判断螺纹的合格性。

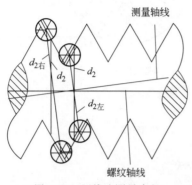

图 3-33 压线法测量中径

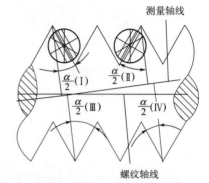

图 3-34 间隙对线法测量牙型半角

五、思考题

① 用影像法测量螺纹时，工具显微镜的立柱为什么要倾斜一个螺旋升角？

② 用影像法测量螺纹时，如何消除螺纹轴线与工作台 X 方向导轨不平行所产生的误差？

六、实验报告要求

① 写出实验内容。

② 写出实验仪器型号及主要技术规格。

③ 写出被测螺纹参数、精度要求。

④ 测量并记录测中径仪器读数（mm）（共四次）、测螺距仪器读数（mm）（共四次）、测牙型半角仪器读数［（°）、（′），共四次］。

⑤ 计算 $d_{2左}$、$d_{2右}$、$d_{2实}$、Δd_2（mm），$nP_左$、$nP_右$、$nP_实$、ΔP（mm），$\frac{\alpha}{2}(左)$、$\Delta \frac{\alpha}{2}(左)$、$\frac{\alpha}{2}(右)$、$\Delta \frac{\alpha}{2}(右)$［（°）、（′）］。

⑥ 写出合格性结论及理由。

⑦ 完成上述思考题。

实验名称：齿轮的测量

实验编号：0305	相关课程：互换性与技术测量
实验类别：验证性	适用专业：机械类各专业
实验性质：必开	

A. 齿轮单个齿距偏差与齿距累积总偏差的测量

一、实验目的

① 熟悉测量单个齿距偏差与齿距累积总偏差的方法。

② 加深对单个齿距偏差与齿距累积总偏差定义的理解。

二、实验内容

用齿距检测仪以相对法测量圆柱齿轮单个齿距偏差 Δf_{pt} 和齿距累积总偏差 ΔF_p。

三、实验仪器及测量原理

齿距检测仪的主要技术规格：刻度值 0.001mm，被测齿轮模数 $2\sim16\text{mm}$，以齿顶圆定位。

相对法测量通常是以某一实际齿距作为基准齿距，用它调整齿距检测仪指示表的示值零位。然后，用调整好零位的检测仪按顺序逐齿测量其余齿距对基准齿距的偏差，从而得到相对齿距偏差。按圆周封闭原理，将测量数据进行处理，以指示表逐齿测出的各个示值的平均值作为理论齿距，通过计算即可求出单个齿距偏差 Δf_{pt} 和齿距累积总偏差 ΔF_p，如图 3-35所示。

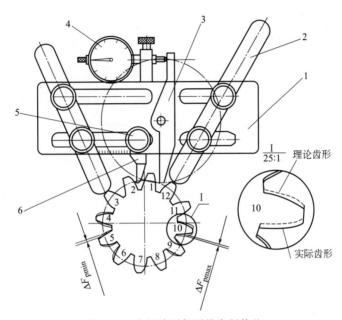

图 3-35 齿距检测仪测量齿距偏差

1—机体；2—定位脚（共两个）；3—活动测头；4—指示表；5—固定测头紧固螺钉；6—固定测头

四、测量步骤

① 调整固定测头 6 的位置，将固定测头按被测齿轮模数调整到模数标尺的相应刻度上，然后用螺钉 5 固紧。

② 调整定位脚 2 的位置，使测头 6 和 3 在齿轮分度圆附近与两相邻同侧齿面接触，同时两定位脚分别与两齿顶接触，并使指示表指针有一定的压缩量，然后用螺钉固紧。

③ 手扶齿轮以任意齿距作为基准齿距，使定位脚与齿顶圆紧密接触，同时固定测头和活动测头与齿面接触，调整指示表使指针对准零位。

④ 逐齿测量各齿距的相对偏差，并将测量结果记入表中。

⑤ 处理测量结果，判断被测项目的合格性。

五、数据处理

① 用计算法处理测量结果，求出单个齿距偏差 Δf_{pt} 与齿距累积总偏差 ΔF_p，为计算方便，可以列成表格的形式。

② 合格性条件：$-f_{pt}\leqslant\Delta f_{pt}\leqslant+f_{pt}$，$\Delta F_p\leqslant F_p$。

📚 示例

相对法测量齿距数据处理见表 3-3。

表 3-3 相对法测量齿距数据处理 （$z=12$）

齿序	读数值 Δ_i		$\Delta f_{pti}=\Delta_i-K$	$\Delta F_{pi}=\sum \Delta f_{pti}$
1	0		-0.5	-0.5
2	-1		-1.5	-2
3	-2		-2.5	-4.5
4	-1		-1.5	-6
5	-2		-2.5	$\boxed{-8.5}$
6	$+3$	$K=\dfrac{\sum_{i=1}^{z}\Delta_i}{z}=\dfrac{+6}{12}=+0.5$	$+2.5$	-6
7	$+2$		$+1.5$	-4.5
8	$+3$		$+2.5$	-2
9	$+2$		$+1.5$	-0.5
10	$+4$		$\boxed{+3.5}$	$\boxed{+3}$
11	-1		-1.5	$+1.5$
12	-1		-1.5	0

单个齿距偏差 $\Delta f_{pt}=+3.5\mu m$（取绝对值最大的偏差作为测量结果）。

齿距累积总偏差 $\Delta F_p=\Delta F_{pi\max}-\Delta F_{pi\min}=3-(-8.5)=11.5\mu m$，在齿面 10 和 5 之间。

六、思考题

Δf_{pt} 和 ΔF_p 有何不同？它们对齿轮传动各有什么影响？

七、实验报告要求

① 写出实验内容。

② 写出实验仪器型号及主要技术规格。

③ 写出被测齿轮主要参数、单个齿距极限偏差 $\pm f_{pt}(\mu m)$、齿距累积总公差 $F_p(\mu m)$。

④ 测量并记录（可自行设计表格）仪器读数（μm）。

⑤ 计算 K、Δf_{pti}、ΔF_{pi}。

⑥ 写出测量结果：单个齿距偏差 $\Delta f_{pt}(\mu m)$、齿距累积总偏差 $\Delta F_p(\mu m)$。

⑦ 写出合格性结论及理由。

⑧ 完成上述思考题。

B. 齿轮公法线长度变动量和公法线平均长度偏差的测量

一、实验目的

① 掌握用公法线千分尺测量齿轮公法线长度的方法。

② 加深对公法线长度变动量和公法线平均长度偏差定义的理解。

二、实验内容

用公法线千分尺测量齿轮公法线长度变动量 ΔF_w 和公法线平均长度偏差 ΔE_{wm}。

三、实验仪器及测量原理

公法线千分尺的技术规格：刻度值 0.01mm，测量范围 0～25mm，其结构、使用方法和读数都与普通千分尺一样，不同之处是量砧呈碟形，如图 3-36 所示。

公法线长度变动量 ΔF_w 是指在被测齿轮转动一周内，两个跨一定齿数的测砧在被测齿轮的齿高中部与两异侧齿面相切，逐齿测量公法线长度，各公法线长度的最大差值。

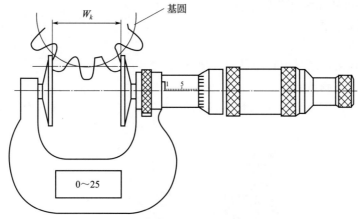

图 3-36　使用公法线千分尺进行测量

四、测量步骤

① 计算被测齿轮公法线公称长度 W_k 和跨齿数 n，当压力角为 $20°$、变位系数为 0 时，其计算式为

$$W_k = m\left[1.4761 \times (2n-1) + 0.014z\right] \qquad n = \frac{z}{9} + 0.5\text{(取整数)}$$

② 按公法线公称长度 W_k，选择测量范围合适的公法线千分尺，并注意仪器校零。

③ 按确定的跨齿数，使两测砧分别与齿轮的非同名齿廓接触，测量实际公法线长度，如图 3-36 所示。

④ 依次沿整个圆周测出实际公法线长度，记录数据。

⑤ 处理测量结果，判断被测项目的合格性。

五、数据处理

① 根据测得的实际公法线长度，取其中最大值与最小值，其差值即为公法线长度变动量 ΔF_w，$\Delta F_w = W_{max} - W_{min}$；所有测量值的平均值与公法线公称长度的差值即为公法线平均长度偏差 ΔE_{wm}，$\Delta E_{wm} = W_{k平均} - W_k$。

② 合格性条件：$\Delta F_w \leqslant F_w$，$E_{wmi} \leqslant \Delta E_{wm} \leqslant E_{wms}$。

六、思考题

① 测量公法线时，两测砧与齿面哪个部位相切最合理？

② 测量公法线长度变动量 ΔF_w 和测量公法线平均长度偏差 ΔE_{wm} 使用的计量器具是相同的，它们的误差含义是否也相同？

七、实验报告要求

① 写出实验内容。

② 写出实验仪器型号及主要技术规格。

③ 写出被测齿轮主要参数、公法线长度变动公差 $F_w(\mu m)$、公法线平均长度上偏差 $E_{wms}(\mu m)$、公法线平均长度下偏差 $E_{wmi}(\mu m)$、跨齿数 n、公法线公称长度 $W_k(mm)$。

④ 测量并记录（可自行设计表格）仪器读数（mm）。

⑤ 写出测量结果：公法线长度变动量 $\Delta F_w(mm)$、公法线平均长度偏差 $\Delta E_{wm}(mm)$。

⑥ 写出合格性结论及理由。

⑦ 完成上述思考题。

C. 齿轮径向跳动测量

一、实验目的

① 熟悉测量齿轮径向跳动的方法。

② 加深对齿轮径向跳动 ΔF_r 定义的理解。

二、实验内容

用齿轮跳动检测仪测量齿轮的径向跳动 ΔF_r。

三、实验仪器及测量原理

齿轮跳动检测仪的主要技术规格：模数测量范围 $1\sim6$mm，指示表刻度值 0.001mm，如图 3-37 所示。

图 3-37　齿轮跳动检测仪

齿轮径向跳动 ΔF_r 是指在被测齿轮转动一周范围内，测头在齿槽内或轮齿上与齿高中部双面接触，测头相对于齿轮轴线的最大变动量。如图 3-37 所示，测量时被测齿轮用心轴安装在两顶尖之间，用心轴轴线模拟该齿轮的基准轴线，测头在齿槽内与齿高中部双面接触，然后逐齿测量测头相对于齿轮基准轴线的变动量，其中的最大值与最小值之差即为径向跳动 ΔF_r。

四、测量步骤

① 安装好被测齿轮，根据被测齿轮的模数，选择合适的测头装入测杆的下端。

② 调整升降螺母，使测头随表架下降到与齿槽双面接触，并使指示表有 $1\sim2$ 圈的压缩量，然后指示表调零。

③ 抬起测头，把被测齿轮转过一个齿，再把测头放入齿槽内，记下指示表的示值，逐齿测量所有的齿槽。

④ 从所测得的示值中找出最大值与最小值，其差值即为被测齿轮的径向跳动 ΔF_r。

⑤ 判断被测齿轮的合格性。

五、思考题

① ΔF_r 反映齿轮的哪些加工误差？

② 齿轮跳动检测仪还能测量哪些形位误差？

六、实验报告要求

① 写出实验内容。

② 写出实验仪器型号及主要技术规格。

③ 写出被测齿轮主要参数、径向跳动公差 $F_r(\mu m)$。

④ 测量并记录（可自行设计表格）仪器读数（μm）。

⑤ 写出测量结果：径向跳动 $\Delta F_r(\mu m)$。

⑥ 写出合格性结论及理由。

⑦ 完成上述思考题。

D. 齿轮齿厚偏差的测量

一、实验目的

① 掌握用齿厚游标卡尺测量齿轮分度圆齿厚的方法。

② 加深对齿厚偏差定义的理解。

二、实验内容

以被测齿轮回转轴为基准（一般用齿轮外圆代替），测量齿轮分度圆柱上同一齿左右齿面之间的弧长或弦长，实测值与公称值之差即为齿厚偏差 ΔE_s。用齿厚游标卡尺测出齿轮分度圆齿厚。

三、实验仪器

齿厚游标卡尺由两套相互垂直的游标尺组成。垂直游标尺用于控制测量部位（分度圆至齿顶圆）的弦齿高，水平游标尺则用于测量实际弦齿厚。齿厚游标卡尺的刻度值为 0.02mm，测量齿轮模数范围为 $1\sim16$mm，其原理和读数方法与普通游标卡尺相同。如图 3-38 所示，测量时以齿顶圆为基准。

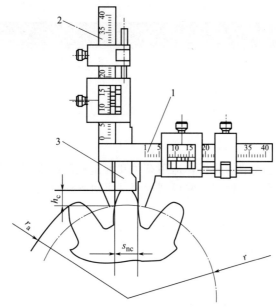

图 3-38　使用齿厚游标卡尺进行测量
1—水平游标尺；2—垂直游标尺；3—高度定位板

四、测量步骤

① 用外径千分尺测量齿顶圆的实际直径 d_a'。

② 按照下列公式分别计算出分度圆弦齿高 h_c 和弦齿厚 s_{nc}：

$$h_c = m\left[1 + \frac{z}{2}\left(1 - \cos\frac{90°}{z}\right)\right] + \frac{d_a' - d_a}{2} \qquad s_{nc} = mz\sin\frac{90°}{z}$$

③ 按弦齿高 h_c 调整齿厚游标卡尺的垂直游标尺并锁紧，将游标尺置于被测齿轮上，使垂直游标尺的高度定位板与齿顶紧密接触，然后移动水平游标尺的量爪，使两量爪与轮齿的左右两齿面接触，从水平游标尺上读出弦齿厚的实际尺寸（用透光法判断接触情况）。测得的齿厚实际值 s_{nc} 实际与齿厚公称值 s_{nc} 之差即为齿厚偏差 ΔE_s。

④ 分别对齿轮圆周上均布的几个轮齿进行测量，取这些齿厚偏差中的最大值和最小值作为评定值。

⑤ 按照图纸给定的齿厚上偏差 E_{ss} 和下偏差 E_{si}，判断被测齿轮的合格性（$E_{si} \leqslant \Delta E_s \leqslant E_{ss}$）。

五、思考题

测量 ΔE_s 的目的是什么？

六、实验报告要求

① 写出实验内容。

② 写出实验仪器型号及主要技术规格。

③ 写出被测齿轮主要参数、顶圆公称尺寸（mm）、顶圆实测尺寸（mm）、分度圆处弦齿高 h_c（mm）和弦齿厚 s_{nc}（mm）、齿厚上偏差 E_{ss}（μm）、齿厚下偏差 E_{si}（μm）。

④ 测量并记录（可自行设计表格）齿厚实际值 s_{nc} 实际（mm）。

⑤ 写出测量结果：齿厚偏差 ΔE_s（μm）。

⑥ 写出合格性结论及理由。

⑦ 完成上述思考题。

实验名称：箱体的测量

实验编号：0306	相关课程：互换性与技术测量
实验类别：综合性	适用专业：机械类各专业
实验性质：必开	

一、实验目的

根据箱体的零件图进行结构分析，运用有关几何量检测的知识，对零件图上标注的公差项目和其他技术要求进行全面检测，并根据检测结果对被测件的合格性作出判断。

二、实验内容

按照图纸要求，由学生设计零件的各个检测项目的检测方案，并确定相应的测量器具，检测内容应包括该零件重要部位尺寸的测量、形状和位置误差的测量、表面粗糙度的测量等。

三、实验仪器

测量仪器常用的有平板、高度游标卡尺、直角尺、杠杆百分表、内径量表、外径千分尺、粗糙度检测仪、心轴、量块、各种专用量规等。

四、实验要求

① 选择测量器具时，应尽可能选用实验室常用的仪器。

② 设计出检测方案后，应由指导教师检查确认后方可进行检测。

五、实验步骤

检测步骤由学生自己确定，测量完毕后根据检测结果对被测件的合格性作出判断。

六、实验报告要求

① 画出本实验用箱体零件图。

② 列出精度检测项目表。
③ 写出每条检测项目的检测方案及所使用的检测器具。
④ 写出检测步骤。
⑤ 进行检测数据的处理及检测结果的评定。

示例

仅以箱体的位置误差测量来说明测量的过程。测量箱体位置误差时，是以平板模拟基准平面，以心轴的轴线模拟基准轴线，用检验工具和指示表测量被测实际要素上各点对平板的平面或心轴的轴线的位置数据，再根据各项位置公差要求来评定位置误差。图 3-39 所示为被测箱体，图中标有三项位置公差，各项公差要求及相应误差的测量步骤如下。

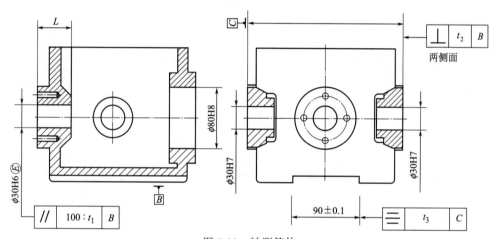

图 3-39　被测箱体

1. 测量平行度误差

$\boxed{//\ |\ 100:t_1\ |\ B}$ 表示孔 $\phi30\text{H}6\,Ⓔ$ 的轴线对箱体底平面 B 的平行度公差，在轴线长度 100mm 内，其平行度公差为 t_1（mm），在孔壁长度 L 内，公差为 $t_1L/100$（mm）。

测量时用平板模拟基准平面 B，用孔的几何中心线代表孔的轴线。因孔较短，孔的轴线弯曲很小，其形状误差可忽略不计，可测孔壁上、下素线到基准面 B 的高度，取孔壁两端的中心高度差作为平行度误差。图 3-40 所示为测量原理示意。

将箱体 2 放在平板 1 上，使 B 面与平板接触。测量孔的轴剖面内下素线的 a_1、b_1 两点（距边缘 2mm 处）至平板的高度。方法是将杠杆百分表 4 的换向手柄朝上拨，推动表座 3，使杠杆百分表的测头伸进孔内，调整杠杆百分表使测杆大致与被测孔平行，并使测头与孔接触在下素线 a_1 点处，旋动微调螺钉，使表针预压半圈，再横向来回推动表座，找到测头在孔壁的最低点，取表针在转折点时的读数 M_{a1}。将表座拉出，用同样的方法测出 b_1 点处的读数 M_{b1}。退出时，不得使表及其测杆碰到孔壁，以保证两次测量读数时的测量状态相同。

测量孔的轴剖面内上素线 a_2、b_2 两点至平板的高度。此时应将表的换向手柄朝下拨，用同样的测量方法分别测量 a_2、b_2 两点，找到测头在孔壁的最高点，取表针在转折点时的读数 M_{a2} 和 M_{b2}。其平行度误差按下式计算，即

$$f_{//}=\left|\frac{M_{a1}+M_{a2}}{2}-\frac{M_{b1}+M_{b2}}{2}\right|=\frac{1}{2}\left|(M_{a1}-M_{b1})+(M_{a2}-M_{b2})\right|$$

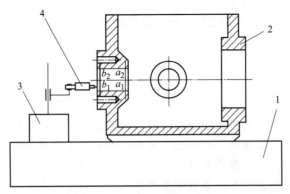

图 3-40　平行度测量原理示意

1—平板；2—箱体；3—表座；4—杠杆百分表

若 $f_{/\!/} \leqslant \dfrac{L}{100} t_1$，则该项合格。

2. 测量垂直度误差

$\boxed{\perp \ | \ t_2 \ | \ B}$ 表示箱体两侧面对箱体底平面 B 的垂直度公差均为 t_2（mm）。

测量时用被测面和底面之间的角度与直角尺比较来确定垂直度误差。

如图 3-41(a) 所示，将表座 3 上的支撑点 4 和指示表 5 的测头同时靠上标准直角尺 6 的侧面，并将表针预压半圈，转动表盘使零刻度与指针对齐，此时读数取零。

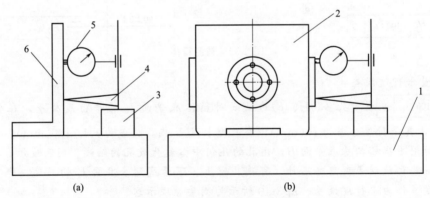

(a)　　　　　　　　　　　　　　(b)

图 3-41　垂直度测量原理示意

1—平板；2—箱体；3—表座；4—支撑点；5—指示表；6—标准直角尺

将表座上的支撑点和指示表的测头靠向箱体侧面，如图 3-41（b）所示，记住表上读数。移动表座，测量整个侧面，取各次读数的绝对值中最大值作为垂直度误差 $f_{\perp}$，若 $f_{\perp} \leqslant t_2$，则该项合格。注意要分别测量左、右两侧面。

3. 测量对称度误差

$\boxed{= \ | \ t_3 \ | \ C}$ 表示宽度为（90 ± 0.1）mm 的槽面的中心平面对箱体左、右两侧面的中心平面的对称度公差为 t_3。

分别测量左槽面到左侧面和右槽面到右侧面的距离，并取对应的两个距离之差中绝对值最大的数值作为对称度误差。

如图 3-42 所示，将箱体 2 的左侧面置于平板 1 上，将杠杆百分表 4 的换向手柄朝上拨，调整百分表 4 的位置使测杆平行于槽面，并将表针预压半圈，分别测量槽面上三处高度 a_1、b_1、c_1，记下读数 M_{a1}、M_{b1}、M_{c1}；将箱体的右侧面置于平板上，保持百分表的原有高度，再分别测量另一槽面上三处高度 a_2、b_2、c_2，记下读数 M_{a2}、M_{b2}、M_{c2}，则各对应点的对称度误差为

$$f_a = |M_{a1} - M_{a2}|, f_b = |M_{b1} - M_{b2}|, f_c = |M_{c1} - M_{c2}|$$

取其中的最大值作为槽面对两侧面的对称度误差，若 $f \equiv \leqslant t_3$，则该项合格。

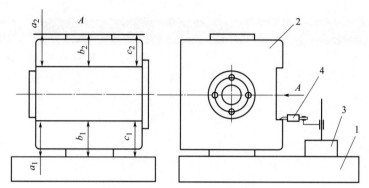

图 3-42 对称度测量原理示意

1—平板；2—箱体；3—表座；4—杠杆百分表

第四章　工程材料与机械制造基础实验

实验名称：金属材料的硬度测量

实验编号：0401 　　　　相关课程：工程材料及机械制造基础

实验类别：验证性 　　　　适用专业：机械类各专业

实验性质：必开

一、实验目的

① 了解布氏硬度计和洛氏硬度计的主要结构、试验原理及应用范围。

② 学会正确使用硬度计。

二、实验原理、装置与步骤

1. 布氏硬度

（1）基本原理

金属布氏硬度试验是采用一定直径的硬质合金球，以规定的试验力压入试样表面，经规定的保持时间后，卸除试验力，测量试样表面压痕的直径，如图 4-1 所示。

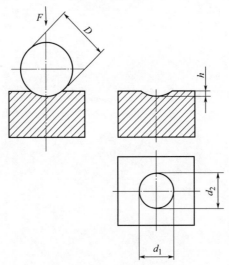

图 4-1　布氏硬度试验原理

F—试验力，N；D—球（压头）直径，mm；d_1，d_2—在两相互垂直方向
测量的压直径，mm；h—压痕深度，mm

布氏硬度用符号 HBW 表示。

$$HBW = 常数 \times \frac{试验力}{压痕表面积} = 0.102 \times \frac{2F}{\pi D \left(D - \sqrt{D^2 - d^2} \right)}$$

式中只有 d（压痕平均直径）是变数，故只需测出 d，根据已知 D 和 F 值就可计算出

HBW。在实际测量时，可由测出的 d 直接查表得到 HBW。

布氏硬度的表示方法：符号 HBW 前面为硬度值，符号后面是按如下顺序表示试验条件的指标：球直径（mm）、试验力数值（kgf）、试验力保持时间（10～15s 不标注）。

📚 示例

① 350HBW5/750 表示用直径 5mm 的硬质合金球在 7.355kN 试验力下保持 10～15s 测定的布氏硬度值为 350。

② 600HBW1/30/20 表示用直径 1mm 的硬质合金球在 294.2N 试验力下保持 20s 测定的布氏硬度值为 600。

布氏硬度的球直径有 1mm、2mm、2.5mm、5mm、10mm 五种。试验力有九级：0.613kN、0.981kN、1.225kN、1.839kN、2.452kN、7.355kN、9.807kN、14.71kN、29.42kN。当采用不同大小的试验力和不同直径的球进行布氏硬度试验时，只要能满足试验力-压头球直径平方的比率为常数，即 $0.102F/D^2$ 为常数，则同一种材料测得的布氏硬度值是相同的，而不同材料所测得的布氏硬度值也可进行比较。表 4-1 为不同材料的试验力-压头球直径平方的比率。

表 4-1　不同材料的试验力-压头球直径平方的比率

材料	布氏硬度	试验力-压头球直径平方的比率 $0.102F/D^2$
钢、镍合金、钛合金		30
铸铁	<140HBW ≥140HBW	10 30
铜及铜合金	<35HBW	5
	35～200HBW	10
	>200HBW	30
轻金属及合金	<35HBW	2.5
	35～80HBW	5,10,15
	>80HBW	10,15

注：对于铸铁的试验，压头球直径一般为 2.5mm、5mm 和 10mm。

（2）硬度计结构

布氏硬度计（图 4-2）由机身、试台、杠杆、传感器、面板等部件组成。

在机身前台面安装了丝杠座，丝杠座中装有配合精确的丝杠，在丝杠上端装有可更换的试台，试台的上升与下降是通过转动手轮里的螺母使丝杠上下移动来实现的。在手轮和螺母之间装有钢球弹性定位器，当压头保护帽与试样接触并产生一定压力时，手轮和螺母产生相对滑动，以保证接触压力不超过一定范围。

杠杆部件由杠杆的支点——杠杆前轴通过调心轴承、耳板连接到机身上，杠杆的尾部连接滚珠丝杠，通过步进电机转动带动滚珠丝杠上升或下降，从而带动杠杆上升或下降，杠杆的后轴通过两个调心轴承传力给传感器的上端面，来实现试验力的施加与卸除。

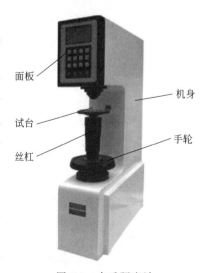

面板

机身

试台

丝杠

手轮

图 4-2　布氏硬度计

（3）硬度计操作步骤

① 将根据表 4-1 选定的压头擦拭干净，装到主轴上。

② 接通电源，打开电源开关，液晶屏显示并默认上次试验设定的参数，在准备试验状态按"MENU"键，进入参数设置主菜单，按"ESC"键为放弃或返回准备试验状态。

③ 设置硬度符号。在参数设置主菜单中，按"2"键或"8"键选中"硬度符号"项后按"ENTER"键进入设置硬度符号菜单，再按"2"键或"8"键选择相应的压头和试验力，按"ENTER"键确认后，程序自动返回到准备试验状态。

④ 设置单位。进入参数设置主菜单，按"2"键或"8"键选中"参数设置"项后按"ENTER"键进入参数设置菜单，再按"2"键或"8"键选中"单位转换"项后按"ENTER"键进入单位转换菜单，继续按"2"键或"8"键选中所需单位后按"ENTER"键确认，程序自动返回到准备试验状态。

⑤ 设置试验力保持时间。进入参数设置菜单，按"2"键或"8"键选中"试验力保持时间"项后按"ENTER"键进入设置试验力保持时间界面，按数字键输入所需的时间，范围为 5～99s，普通碳钢选择 10～15s，输入结束后按"ENTER"键确认，程序自动返回到准备试验状态。

⑥ 设置试验力施加时间。此功能对已选定的硬度符号进行试验力施加时间的调整。进入参数设置菜单，按"2"键或"8"键选中"试验力施加时间"项后按"ENTER"键进入设置已选定的试验力施加时间界面，按数字键输入所需要的时间，范围为国家标准确定的 5～8s，输入结束后按"ENTER"键确认，程序自动返回到准备试验状态。若输入超出范围，屏幕提示"输入无效，重新输入"，等待片刻后，重新输入正确的时间即可。输入数字时若输入有误，按"CE"键后重新输入。

⑦ 正式试验。将试样在试台上放好，转动手轮，当压头保护帽与试样接触并产生一定压力时，手轮与螺母产生相对滑动，按"START"键（在准备试验状态），系统按先前设定的试验参数开始启动电机进行试验，屏幕进入试验过程界面，依次显示施加试验力、施加试验力倒计时、保持试验力倒计时、卸除试验力。当传感器复位至初始位置时，一个试验过程结束，硬度计又恢复到准备试验状态，等待下一次试验开始。

⑧ 试验结束后，转动手轮，使压头离开试样，然后取下试样，用读数显微镜测量试样表面的压痕直径，将测得结果通过查表的方式得出试样的布氏硬度值。

（4）试验规范

① 试样两端要平行，其表面粗糙度 $Ra \leqslant 3.2\mu m$。若球直径为 2.5mm，则试样表面粗糙度 $Ra \leqslant 1.6\mu m$，以使压痕边缘清晰，保证测量结果的准确性。试样表面应无氧化皮、电镀层、脱碳层、渗碳层以及表面受热加工硬化层或其他污物。

② 试样厚度应不小于压痕深度的 10 倍，若试验后试样边缘及背面呈现变形痕迹，则认为试验无效，试验后压痕直径应在下列范围内：$0.24D < d < 0.6D$。

③ 压痕中心至试样边缘的距离应不小于压痕直径的 2.5 倍，两压痕中心相邻距离应不小于压痕直径的 4 倍。

④ 试验时，必须保证压头轴线与试样或试件的试验平面垂直。试验过程中试验力的施加与卸除应平稳、无冲击、无震动。

⑤ 压痕直径应从两个相互垂直方向测量，并取其算术平均值，压痕两直径之差不应超过较小直径的 2%。

（5）注意事项

① 不得进入参数设置主菜单中的"标定"项。

② 在试验力施加倒计时过程中按任意键可取消本次试验，传感器自动复位到初始位。

③ 测完硬度值，卸掉载荷后，必须使压头完全离开试样后再取下试样。

④ 进入参数设置主菜单，按"2"键或"8"键选中"显示试验力"项后按"ENTER"键进入显示试验力界面，此时显示当前压头所受压力值。在当前状态下按"2"键为自动卸除试验力，直至传感器回至初始位置。

⑤ 如果压头没有受力时显示值偏离零点，可按"CE"键后使仪表置零，按"ESC"键程序自动返回到准备试验状态。

2. 洛氏硬度

(1) 基本原理

洛氏硬度试验是以一个锥顶角为 120°的金刚石圆锥体或直径为 1.588mm 的淬火钢球为压头，在先后施加两个试验力（初试验力和主试验力）的作用下压入金属表面，然后卸除主试验力。在保持初试验力的情况下，测出由主试验力引起的塑性变形的压入深度 h，再由 h 值确定洛氏硬度值。

图 4-3 所示为洛氏硬度试验原理，0-0 位置为未加试验力时压头的位置，1-1 位置为加上初试验力后压头的位置，此时压入深度为 h_1，2-2 位置为再加上主试验力后压头的位置，此时压入深度为 h_2，h_2 包括由加载所引起的弹性变形和塑性变形，卸除主试验力后，压头由于弹性变形恢复而稍提高到 3-3 位置，此时压头的实际压入深度为 h_3。洛氏硬度以主试验力所引起的残余压入深度（$h=h_3-h_1$）来表示。但这样直接以压入深度的大小表示硬度将会出现硬的金属硬度值小，而软的金属硬度值大的现象，为了与习惯上"数值越大硬度越高"的概念相一致，采用常数（K）减去压入深度（h）的差值表示硬度值。为简便起见，规定每 0.002mm 压入深度作为一个硬度单位（即刻度盘上的一小格）。HR 值为一无名数，测量时可直接由硬度计表盘读出。为扩大洛氏硬度的测量范围，可采用不同的压头和总试验力配成不同的洛氏硬度标度，常用的有 HRA、HRB、HRC 三种。试验规范见表 4-2。

表 4-2　洛氏硬度试验规范

符号	压头	总试验力/N(kgf)	允许测量范围	使用范围
HRA	120°金刚石圆锥	588.4(60)	20~88 HRA	用于测定硬质合金、表面淬火层、渗碳层
HRB	ϕ1.588mm 淬火钢球	980.7(100)	20~100 HRB	用于测定有色金属、退火及正火钢
HRC	120°金刚石圆锥	1471(150)	20~70 HRC	用于测定淬火钢、调质钢

(2) 硬度计结构

洛氏硬度计（图 4-4）由机身、工作台升降机构、加载机构、测量指示机构、操纵机构等部件组成。

(3) 硬度计操作步骤

① 试验力的选择。转动小手轮使所选用的试验力对准红点，需要注意的是，变换试验力时，卸载手柄必须置于卸载状态。

② 将所选定的压头擦拭干净，装到主轴上，安装压头时应注意消除压头与主轴端面的间隙。

③ 把擦净的试样放到工作台上，旋转手轮使工作台缓慢上升并顶起压头到指示器里的小指针指向红点，大指针旋转三圈垂直向上为止（允许相差±5 个刻度，若超过 5 个刻度，此点应作废，重新试验）。

④ 旋转指示器外壳，使"C"与"B"之间长刻线与大指针对正（顺时针或逆时针旋转均可）。

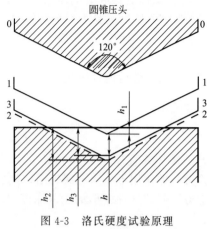

圆锥压头

120°

图 4-3 洛氏硬度试验原理

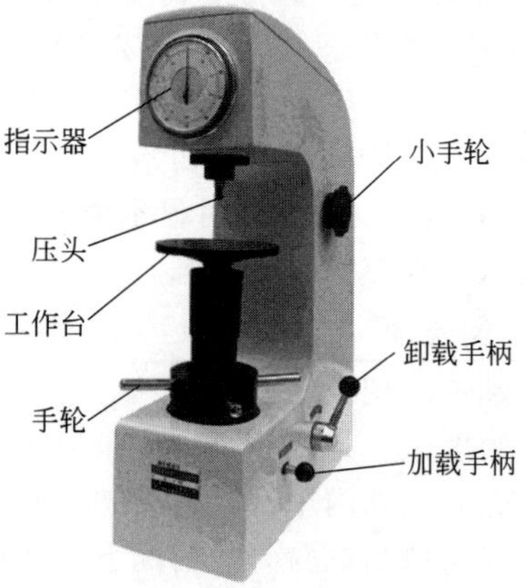

指示器
压头
工作台
手轮

小手轮
卸载手柄
加载手柄

图 4-4 洛氏硬度计

⑤ 拉动加载手柄，施加主试验力，这时指示器的大指针按逆时针方向转动。

⑥ 当指示器指针的转动显著停顿下来后，即可将卸载手柄推回，卸除主试验力。

注意：主试验力的施加与卸除均应缓慢进行。

⑦ 从指示器上读数。采用金刚石压头试验时，按表盘外圈的黑字读取；采用球压头试验时，按表盘内圈的红字读取。

⑧ 转动手轮使工作台下降，压头与试样分开，取出试样，试验结束。

（4）试验规范

① 根据被测金属硬度的高低，按表 4-2 选定压头和总试验力。

② 试样表面应平整光洁，不得有氧化皮、油污及明显的加工痕迹。

③ 试样厚度应不小于压痕深度的 10 倍，两相邻压痕及压痕至边缘的距离应不小于 3mm。

（5）注意事项

① 试样两端面要平行，表面粗糙度 $Ra \leqslant 6.3 \mu m$。

② 圆柱形试样应放在带有 V 形槽的工作台上操作，以防试样滚动。

③ 测完硬度值，必须卸掉载荷后才能转动手轮，使压头完全离开试样后再取下试样。

④ 加初试验力时若发现阻力太大，应停止加载，立即报告指导教师，检查原因。

⑤ 金刚石压头系贵重物件，质硬而脆，使用时要谨慎小心，严禁与试样或其他物件碰撞，加载时应细心操作，以免损坏压头。

三、实验装置及器材

布氏硬度试验机、读数显微镜、不同含碳量的钢材试样、砂纸。

四、实验要求

① 按照指导教师的要求，每人领取一块试样。

② 按照布氏硬度计的操作步骤、试验规范及注意事项对所持的试样进行测定。

五、实验报告要求

① 写出实验目的。

② 记录被测试样的材料、热处理状态、压头的尺寸、试验力的大小、试验力的保持时间、$0.102F/D^2$。

③ 测量压痕的直径、平均值、HBW 硬度值。

④ 根据同组其他同学的测量数据，画出含碳量与 HBW 的关系曲线。

⑤ 讨论实验结果。

实验名称：常用钢铁材料的平衡组织显微观察

实验编号：0402	相关课程：工程材料及机械制造基础
实验类别：验证性	适用专业：机械类各专业
实验性质：必开	

一、实验目的

① 研究和了解铁碳合金在平衡状态下的显微组织。

② 分析含碳量对铁碳合金显微组织的影响，加深理解成分、组织与性能之间的相互关系。

二、实验装置及器材

① 金相显微镜。

② 各种铁碳合金的金相试样。

三、相关知识

平衡组织一般是指合金在极为缓慢的冷却条件下（如退火状态）所得到的组织。铁碳合金在平衡状态下的显微组织可以根据 $Fe-Fe_3C$ 相图来分析。从相图中可知，所有碳钢和白口铸铁在室温时的显微组织均由铁素体（F）和渗碳体（Fe_3C）组成，只是由于含碳量的不同，铁素体和渗碳体的相对数量、析出条件有所不同而呈现出各种不同的组织形态。

1. 铁素体（F）

铁素体为体心立方晶格，具有磁性及良好塑性，硬度较低。用 3％～4％硝酸酒精溶液浸蚀后，在显微镜下呈现明亮的等轴晶粒，亚共析钢中铁素体呈块状分布；当含碳量接近于共析成分时，铁素体则呈断续的网状分布于珠光体周围。

2. 渗碳体（Fe_3C）

渗碳体的含碳量为 6.67％，质硬而脆，耐腐蚀性强，经 3％～4％硝酸酒精溶液浸蚀后，渗碳体成亮白色。按照成分和形成条件的不同，渗碳体可以呈现不同的形态：一次渗碳体（初生相）是直接由液体中析出的，故在白口铸铁中呈粗大的条片状；二次渗碳体（次生相）是从奥氏体中析出的，呈网络状沿奥氏体晶界分布；三次渗碳体是由铁素体中析出的，通常呈不连续薄片状存在于铁素体晶界处，数量极少。

3. 珠光体（P）

珠光体是铁素体和渗碳体的机械混合物，两者相互混合交替排列形成层片状组织。经过 3％～4％硝酸酒精溶液浸蚀后，组织中的铁素体和渗碳体都呈白亮色，但其边界被浸蚀呈黑色线条。在不同放大倍数的显微镜下可以看到具有不同特征的珠光体组织，如图 4-5 所示。当放大倍数较低时，由于显微镜的鉴别能力小于渗碳体片厚度，所以珠光体中的渗碳体就只能看到是一条黑线，当组织较细而放大倍数较低时，珠光体的片层就不能分辨，所以呈黑色。

4. 莱氏体

莱氏体是在室温时珠光体及二次渗碳体和渗碳体的机械混合物，两种渗碳体从形态上难以分辨。经 3％～4％硝酸酒精溶液浸蚀后，其显微组织特征是在亮白色的渗碳体基底上相间地分布着暗黑色斑点及细条状的珠光体。

四、铁碳合金平衡组织分析

1. 工业纯铁

含碳量小于 0.02％的铁碳合金称为工业纯铁。工业纯铁的显微组织为单相铁素体，如

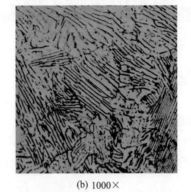

(a) 400×   (b) 1000×

图 4-5　不同放大倍数下的珠光体显微组织

图 4-6 所示。其中的黑色线条是铁素体晶界，铁素体呈不规则等轴晶粒，在某些晶界处可以看到不连续的薄片状三次渗碳体。

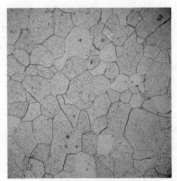

图 4-6　工业纯铁显微组织（400×）

2. 钢

① 亚共析钢：含碳量在 0.02%～0.77%的铁碳合金称为亚共析钢，其组织由铁素体和珠光体所组成。随着含碳量的增加，铁素体的数量逐渐减少，而珠光体的数量则相应地增多。图 4-7 所示为亚共析钢（20 钢和 45 钢）的显微组织，其中亮白色为铁素体，暗黑色为珠光体。

② 共析钢：含碳量为 0.77%的铁碳合金称为共析钢，它由单一的珠光体组成，如图 4-5 所示。

③ 过共析钢：含碳量超过 0.77%的铁碳合金称为过共析钢，它在室温下的组织由珠光体和二次渗碳体组成。钢中含碳量越多，二次渗碳体数量就越多。图 4-8 所示为 1.2%的过共析钢的显微组织，组织形态为层片相间的珠光体和细小的网络状渗碳体。经硝酸酒精溶液浸蚀后，珠光体呈暗黑色，而二次渗碳体呈白色细网状。

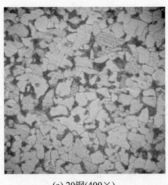

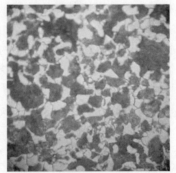

(a) 20钢(400×)   (b) 45钢(400×)

图 4-7　亚共析钢显微组织

3. 铸铁

① 共晶白口铸铁：其含碳量为 4.3%，它在室温下的组织由单一的共晶莱氏体组成。浸蚀后在显微镜下珠光体呈暗黑色细条及斑点状，渗碳体呈亮白色，如图 4-9 所示。

图 4-8　过共析钢（T12 钢）显微组织（400×）

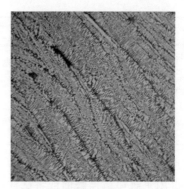

图 4-9　共晶白口铁（100×）

② 亚共晶白口铸铁：含碳量小于 4.3% 的白口铸铁称为亚共晶白口铸铁。在室温下，亚共晶白口铸铁的组织为珠光体、二次渗碳体和莱氏体，如图 4-10 所示。浸蚀后在显微镜下呈现黑色枝晶状的珠光体和斑点状莱氏体组织。

③ 过共晶白口铸铁：含碳量大于 4.3% 的白口铸铁称为过共晶白口铸铁，在室温下的组织由一次渗碳体和莱氏体组成。用硝酸酒精溶液浸蚀后，在显微镜下可观察到在暗色斑点状的莱氏体基底上分布着亮白色粗大条片状的一次渗碳体，如图 4-11 所示。

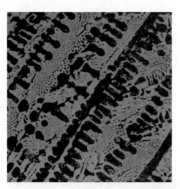

图 4-10　亚共晶白口铁（200×）

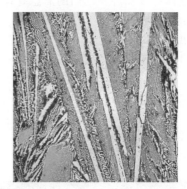

图 4-11　过共晶白口铁（100×）

五、实验内容

观察表 4-3 中所列试样的显微组织，研究每一个试样的组织特征，联系 $Fe-Fe_3C$ 相图分析其组织形成过程，并绘出所观察试样的显微组织示意图。

表 4-3　碳钢和白口铸铁的显微样品

编号	材料	热处理	组织名称及特征	浸蚀剂	放大倍数
1	工业纯铁	退火	铁素体(呈等轴晶粒)和微量三次渗碳体(薄片状)	4%硝酸酒精溶液	100～500
2	20 钢	退火	铁素体(呈块状)和少量的珠光体	4%硝酸酒精溶液	100～500
3	45 钢	退火	铁素体(呈块状)相当数量的珠光体	4%硝酸酒精溶液	100～500
4	T8 钢	退火	铁素体(宽白条状)和渗碳体(细黑条状)相间交替排列	4%硝酸酒精溶液	100～500
5	T12 钢	退火	珠光体(暗色基底)和二次渗碳体(细网络状)	4%硝酸酒精溶液	100～500

续表

编号	材料	热处理	组织名称及特征	浸蚀剂	放大倍数
6	亚共晶白口铸铁	铸态	珠光体(黑色枝晶状)、莱氏体(斑点状)和二次渗碳体(在枝晶周围)	4%硝酸酒精溶液	100～500
7	共晶白口铸铁	铸态	莱氏体(黑色细条及斑点状)和渗碳体(亮白色)	4%硝酸酒精溶液	100～500
8	过共晶白口铸铁	铸态	莱氏体(暗色斑点)和一次渗碳体(粗大条片状)	4%硝酸酒精溶液	100～500

六、注意事项

① 不得用手触摸试样磨面或将试样磨面随意朝下乱放、划伤，以免显微组织模糊不清，影响观察。

② 观察显微组织时，可先用低倍显微镜全面地进行观察，找出典型组织，然后再用高倍显微镜对其进行观察，这样可以对金相试样作出全面的分析。

③ 画组织图时，要抓住组织形态的特点，画出典型的组织，注意不要将磨痕或杂质画在上面。

七、思考题

① 珠光体组织在低倍和高倍观察时有何不同？

② 渗碳体有哪几种？它们的形态有什么差别？

八、实验报告要求

① 写出实验目的。

② 画出所观察过的组织，并注明材料名称、含碳量、浸蚀剂和放大倍数，显微组织图画在直径为30mm的圆内，将组织组成物以箭头引出并标明名称。

③ 根据所观察的显微组织分析铁碳合金含碳量、组织与性能之间的内在联系和变化规律。

④ 完成上述思考题。

⑤ 写出本次实验的心得体会。

实验名称：碳钢热处理及性能分析

实验编号：0403　　　　　　　　　相关课程：工程材料及机械制造基础

实验类别：综合性　　　　　　　　适用专业：机械类各专业

实验性质：必开

一、实验目的

① 了解碳钢的基本热处理（退火、正火、淬火及回火）工艺方法。

② 研究冷却条件与钢性能的关系。

③ 分析回火温度对钢性能的影响。

④ 学会正确使用洛氏硬度计。

二、实验装置及器材

① 高温箱式电炉、坩埚式电炉及温控仪表。

② 洛氏硬度计。

③ 45钢、T12钢试样若干。

④ 砂纸、淬火冷却介质等。

三、实验原理

钢的热处理就是将钢加热到一定的温度，经一定时间的保温，然后以某种速度冷却下来，通过这样的工艺过程使钢的性能发生改变，从而获得所需要的物理、化学、力学和工艺性能。

钢的热处理基本工艺可分为退火、正火、淬火和回火等。

实施热处理操作时，加热温度、保温时间和冷却方式都是重要的基本工艺因素，规范地选择这三者，是热处理成功的基本保证。

1. 钢的退火和正火

钢的退火通常是把钢加热到临界温度 A_{c1} 或 A_{c3} 以上，保温一段时间，然后缓慢地随炉冷却。此时奥氏体在高温区发生分解而得到比较接近平衡状态的组织。共析钢和过共析钢经球化退火后，得到球化体组织，硬度降低、切削性能得到改善。

正火是将钢加热到 A_{c3} 或 A_{cm} 以上 $30\sim50℃$，保温后进行空冷。由于冷却速度稍快，与退火组织相比，组织中的珠光体相对量较多，片层较细密，所以性能有所改善。对低碳钢来说，正火后提高硬度可改善切削加工性，提高零件表面光洁度；对高碳钢来说，正火可消除网状渗碳体，为下一步球化退火及淬火做准备。退火和正火加热温度范围选择如图 4-12 所示。

2. 钢的淬火

钢的淬火是将钢加热到 A_{c1} 或 A_{cm} 以上 $30\sim50℃$（图 4-13），保温后在不同的冷却介质中快速冷却并且 $v_{冷}$ 应大于 $v_{临}$，以获得马氏体组织。

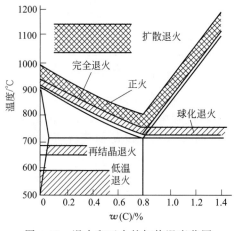

图 4-12　退火和正火的加热温度范围

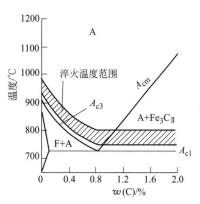

图 4-13　淬火的加热温度范围

① 淬火温度的选择：钢的成分、原始组织及加热速度等都会影响临界点 A_{c1}、A_{c3} 及 A_{cm} 的位置，在各种热处理手册或材料手册中，可以查到各种钢的热处理温度。热处理时不能任意提高加热温度，因为加热温度过高时，晶粒容易长大、氧化、脱碳和变形。

② 保温时间的确定：为了使工件内外各部分均达到指定温度，并完成组织转变，使碳化物溶解和奥氏体成分均匀化，必须在淬火加热温度下保温一定的时间，保温时间的计算主要取决于工件的有效厚度和装炉量，另外还会受加热介质、装炉方式、炉温等因素的影响，具体时间可参考热处理手册中的有关数据。实际工作中多根据经验大致估算保温时间：一般在空气介质中升到规定温度后的保温时间，碳钢按工件厚度每毫米需 $1\sim1.5$min 估算，合金钢按每毫米 2min 估算；在盐浴炉中，保温时间可缩短 $50\%\sim70\%$。

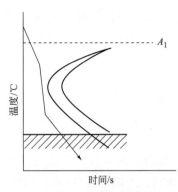

图 4-14　淬火时的理想冷却曲线示意

③ 冷却方式和方法：冷却是淬火的关键工序，它直接影响到钢淬火后的组织和性能。冷却时应使冷却速度大于临界冷却速度，以保证获得马氏体组织；但又要减少淬火内应力，防止过量变形和开裂。因此，要根据淬火钢的化学成分、形状和尺寸、技术要求等正确选择淬火冷却介质和淬火冷却方法。采用不同的冷却介质和方法，使淬火工件在奥氏体最不稳定的温度范围内（650～550℃）快冷，超过临界冷却速度 $v_{临}$，而温度在 M_S（300～100℃）点以下时冷却较慢。理想的冷却速度如图 4-14 所示。

常用淬火方法有单液淬火、双液淬火（先水冷后油冷）、分级淬火、等温淬火等。常见冷却介质的特性见表 4-4。

表 4-4　几种常用淬火介质的冷却能力

冷却介质	冷却速度/(℃/s)		冷却介质	冷却速度/(℃/s)	
	650～550℃区间	300～200℃区间		650～550℃区间	300～200℃区间
水(18℃)	600	270	10%NaCl 水溶液	1100	300
水(26℃)	500	270	10%NaOH 水溶液	1200	300
水(50℃)	100	270	10%Na₂CO₃ 水溶液	800	270
水(74℃)	30	200	菜籽油	200	35
肥皂水	30	200	矿物机械油	150	30
蒸馏水	250	200	变压器油	120	25

3. 钢的回火

钢经淬火后得到的马氏体组织质硬而脆，并且工件内部存在很大的内应力，如果直接进行磨削加工往往会出现龟裂；一些精密的零件在使用过程中将会引起尺寸变化而失去精度，甚至开裂。因此淬火钢必须进行回火处理。不同的回火工艺可以使钢获得所需的各种不同性能。

① 低温回火：温度在 150～250℃ 之间，所得组织为回火马氏体，回火硬度为 57～60HRC。其目的是降低淬火应力，减少钢的脆性并保持钢的高硬度。低温回火常用于高碳钢的切削刀具、量具等。

② 中温回火：温度在 350～500℃ 之间，所得组织为回火屈氏体，回火硬度为 35～48HRC。其目的是获得高的弹性极限，同时具有高的韧性。中温回火主要用于弹簧钢热处理。

③ 高温回火：温度在 500～650℃ 之间，所得组织为回火索氏体，回火硬度为 20～33HRC。其目的是获得既有一定强度又有良好冲击韧性的综合力学性能。淬火后经高温回火的处理被称为调质处理，用于中碳结构钢。

回火保温时间与工件材料及尺寸、工艺条件等因素有关，通常需要 1～3h。由于实验所用试样较小，故回火保温时间可为 30min，回火后在空气中冷却。

四、实验内容

① 每九人分为一组，按照表 4-5 所列工艺每人取一块试样进行热处理工艺操作实验。

② 保温时间可按 1min/mm 直径计算，回火保温时间可为 30min。

③ 测定热处理后试样的硬度：有回火要求的试样，在回火前和回火后均应进行硬度测定。

表 4-5　热处理实验项目

序号	材料	热处理工艺	序号	材料	热处理工艺	序号	材料	热处理工艺
1	45	860℃水淬	4	45	760℃水淬	7	45	860℃水淬＋600℃回火
2	45	860℃油淬	5	45	860℃水淬＋200℃回火	8	T12	780℃水淬
3	45	860℃空冷	6	45	860℃水淬＋400℃回火	9	T12	860℃水淬

五、注意事项

① 往炉中放、取试样时必须使用夹钳，夹钳必须擦干，不得沾有油和水。

② 开关炉门要迅速，炉门打开时间不宜过长。

③ 试样由炉中取出淬火时，动作要迅速，以免温度下降，影响淬火质量。

④ 试样在淬火液中应不断搅动，防止试样表面由于冷却不均匀而出现软点。

⑤ 淬火时水温应保持在 20～30℃，水温过高时要及时换水。

⑥ 测硬度前，必须用砂纸磨去试样两端面的氧化皮，然后再进行测量。

六、实验报告要求

① 写出实验目的。

② 分析加热温度与冷却速度对钢性能的影响。

③ 绘制出 45 钢回火温度与硬度的关系曲线。

④ 分析实验中存在的问题。

实验名称：常用钢铁材料的非平衡组织显微观察

实验编号：0404	相关课程：工程材料及机械制造基础
实验类别：验证性	适用专业：机械类各专业
实验性质：必开	

一、实验目的

① 观察和研究碳钢经过不同形式热处理后显微组织的特点。

② 了解热处理工艺对钢组织和性能的影响。

二、实验装置及器材

① 金相显微镜。

② 各种经不同热处理的显微样品。

三、实验原理

钢经退火处理后的显微组织基本上与铁碳合金相图中的各种平衡组织相符，但在快速冷却条件下的显微组织就不能用铁碳合金相图加以分析，需要用钢的 C 曲线来分析。C 曲线能说明在不同冷却条件下过冷奥氏体在不同温度范围内发生不同类型的转变过程及能得到的组织类型。

1. 钢的退火和正火组织

亚共析成分的碳钢（如 45 钢等）一般采用完全退火，经退火后可得到接近于平衡状态的组织。过共析成分的碳素工具钢（如 T12 钢等）则都采用球化退火，T12 钢经球化退火后组织中的二次渗碳体及珠光体中的渗碳体都将变成颗粒状，如图 4-15 所示，图中均匀而分散的细小粒状组织就是粒状渗碳体。

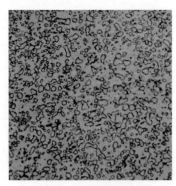

图 4-15　T12 钢球化
退火组织（400×）

45 钢经正火后的组织通常要比退火的细，珠光体的相对含量也比退火组织中的多，如图 4-16 所示，原因在于正火的冷却速度稍大于退火的冷却速度。

2. 钢的淬火组织

将 45 钢加热到 760℃，然后在水中冷却，这种淬火称为不完全淬火。由铁碳合金相图可知，加热到这个温度，部分铁素体尚未溶入奥氏体中。经淬火后将得到马氏体和铁素体组织。在金相显微镜中观察到的是呈暗色针状马氏体基底上分布有白色块状铁素体，如图 4-17 所示。

45 钢经正常淬火后将获得细针状马氏体，如图 4-18 所示。由于马氏体针非常细小，在显微镜中不易分清。若将 45 钢加热到正常淬火温度，然后在油中冷却，由于冷却速度不足（$v_冷 < v_临$），得到的组织将是马氏体和部分屈氏体。图 4-19 所示为 45 钢经加热到 860℃后油冷的显微组织，亮白色为马氏体，呈黑色块状分布于晶界处的为屈氏体。T12A 钢在正常温度淬火后的显微组织如图 4-20 所示，除了细小的马氏体外，尚有部分为溶入奥氏体的渗碳体（呈亮白色颗粒）。

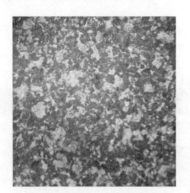

图 4-16　45 钢正火组织（400×）

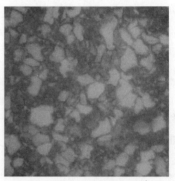

图 4-17　45 钢 760℃不完全淬火组织（400×）

图 4-18　45 钢 860℃正常淬火组织（500×）

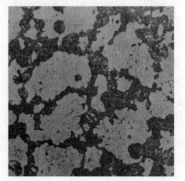

图 4-19　45 钢 860℃油淬组织（500×）

3. 钢的回火组织

淬火钢经不同温度回火后所得到的组织通常可分为回火马氏体、回火屈氏体和回火索氏体三种。

① 回火马氏体：淬火钢经低温回火（150～250℃），马氏体内的过饱和碳原子脱溶沉淀，析出与母相保持着共格联系的 ε 碳化物，这种组织称为回火马氏体。回火马氏体仍保持针片状特征，但容易受侵蚀，故颜色要比淬火马氏体深些，是暗黑色的针状组织，如图 4-21 所示。

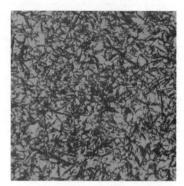

图 4-20　T12A 钢 780℃ 正常淬火组织（500×）　　　图 4-21　45 钢淬火后 200℃ 回火组织（500×）

② 回火屈氏体：淬火钢经中温回火（350～500℃），得到在铁素体基体中弥散分布着微小粒状渗碳体的组织，称为回火屈氏体。回火屈氏体中的铁素体仍然基本保持原来针状马氏体的形态，渗碳体则呈微小粒状，在光学显微镜下不易分辨清楚，故呈暗黑色，如图 4-22 所示。

③ 回火索氏体：淬火钢经高温回火（500～650℃）得到的组织称为回火索氏体，其特征是已经聚集长大了的渗碳体颗粒均匀分布在铁素体基体上，如图 4-23 所示。

图 4-22　45 钢淬火后 400℃ 回火组织（500×）　　　图 4-23　45 钢淬火后 600℃ 回火组织（500×）

四、实验内容

观察表 4-6 中所列试样的显微组织，研究每一个试样的组织特征，绘出所观察试样的显微组织示意图。联系 Fe-Fe$_3$C 相图和钢的 C 曲线来分析确定不同热处理条件下各种组织的形成原因。观察时可采用对比的方式进行分析研究，例如退火与正火、水淬与油淬、淬火马氏体与回火马氏体等。

表 4-6　45 钢和 T12 钢不同热处理后的显微组织

编号	钢号	热处理工艺	显微组织特征	放大倍数
1	45	退火：860℃炉冷	珠光体＋铁素体	400
2	45	正火：860℃空冷	细珠光体＋铁素体	400

续表

编号	钢号	热处理工艺	显微组织特征	放大倍数
3	45	淬火:760℃水冷	针状马氏体+部分铁素体(白色块状)	400
4	45	淬火:860℃水冷	细针状马氏体+残余奥氏体(亮白色)	400
5	45	淬火:860℃油冷	细针状马氏体+屈氏体(暗黑色块状)	400
6	45	860℃水淬+200℃回火	细针状回火马氏体(针呈暗黑色)	400
7	45	860℃水淬+400℃回火	针状铁素体+不规则粒状渗碳体	400
8	45	860℃水淬+600℃回火	等轴状铁素体+粒状渗碳体	400
9	T12	退火:760℃球化	铁素体+球状渗碳体(细粒状)	400
10	T12	淬火:780℃水冷	针状马氏体+粒状渗碳体(亮白色)	400

五、思考题

45钢淬火后硬度不足,如何用金相分析来断定是淬火加热温度不足还是冷却速度不够?

六、实验报告要求

① 写出实验目的。

② 画出所观察到的几种典型的显微组织形态特征,并注明组织名称、热处理条件和放大倍数等,要求将显微组织图画在直径为30mm的圆内,用箭头引出并标明组织名称。

③ 分析样品3与4,3与5,4与5,4与6的异同处,并说明原因。

④ 完成上述思考题。

实验名称:金相试样制备

实验编号:0405	相关课程:工程材料及机械制造基础
实验类别:验证性	适用专业:机械类各专业
实验性质:必开	

一、实验目的

了解并掌握金相试样的制备方法。

二、实验装置及器材

金属试样、各种规格的金相砂纸、浸蚀液、电吹风机、抛光机、金相显微镜等。

三、实验步骤

金相试样的制备过程包括取样、磨制、抛光、浸蚀等工序。

1. 取样

显微试样的选取应根据研究目的,取其具有代表性的部位。试样尺寸一般不要过大,以方便握持和磨制为宜。试样的截取方法视材料的性质不同而异,截取时应避免试样受热或变形而引起金属组织变化,影响分析结果。

2. 磨制

试样的磨制一般分为粗磨和细磨。

粗磨的目的是为了获得一个平整的表面,用砂轮磨制时应减小试样对砂轮的压力,避免出现很深的磨痕,给细磨和抛光增加难度;试样边缘的棱角若无需保存,可先倒角磨圆,以免在细磨或抛光时撕破砂纸或抛光布,甚至造成试样从抛光机上飞出伤人的意外事件。

细磨的目的是消除粗磨留下的磨痕,以得到平整光滑的表面,为下一步的抛光做好准备。细磨之前应将试样用水冲洗并擦干，随即在由粗到细的各号金相砂纸上依次顺序进行。砂纸应放在玻璃板上，手指握紧试样并使磨面朝下，均匀用力向前推行磨制。在回程时，应提起试样使之不与砂纸接触，以保证磨面平整而不产生弧度。每更换一号砂纸时，应将试样的磨制方向调转 90°，即与上一道磨痕方向垂直，一直磨到上一号砂纸所产生的磨痕全部消除为止。

3. 抛光

抛光的目的是去除细磨时留下的细微磨痕而获得光亮的镜面。抛光盘上的抛光织物视所抛试样的软硬程度不同而确定，抛光时要在抛光盘上不断滴注抛光液，利用抛光粉与磨面间产生相对磨削和滚压作用来消除磨痕。操作时将试样磨面均匀地压在旋转的抛光盘上（注意切勿用力过大），并沿着抛光盘的边缘到中心不断作径向往复运动，同时，试样自身可略微转动，使试样各部分抛光程度一致，避免出现曳尾现象。抛光时间一般为 3~5min。抛光结束后，试样表面应为光亮的镜面，看不出任何磨痕。

试样磨面上磨痕变化示意如图 4-24 所示。

4. 浸蚀

显微镜下观察抛光后的试样，看到的只是一片亮光，无法辨别出各种组成物及其形态特征。只有经过适当的浸蚀，才能清楚地显示出显微组织的真实情况。常用的金相组织显示方法是化学浸蚀法，其主要原理是利用浸蚀剂对试样表面的化学溶解作用或电化学作用来显示组织。对于两相以上的合金而言，由于各组成相具有不同的电极电位，试样浸入浸蚀剂中就在两相之间形成无数对"微电池"。具有负电位的一相成为阳极，被溶入浸蚀剂中形成凹洼；具有正电位的另一相成为阴极，则不受浸蚀而保持原有平面，当光线照射到凹凸不平的试样表面时，由于各处对光线的反射程度不同（图 4-25），在显微镜下就能看到各种不同的组织和组成相。

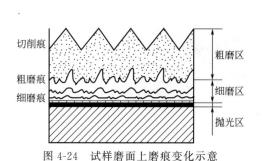

图 4-24　试样磨面上磨痕变化示意　　　　图 4-25　浸蚀后试样表面上光线反射示意

钢铁材料最常用的浸蚀剂为 3%~4% 硝酸酒精溶液。浸蚀方法是将试样磨面浸入浸蚀剂中，也可用棉花蘸上浸蚀剂擦拭表面。浸蚀时间要适当，一般试样磨面发暗时就可停止，若浸蚀不足可重复浸蚀，若浸蚀过度，试样则需重新抛光。试样浸蚀完毕后应迅速用水冲洗，接着再用酒精冲洗，最后用吹风机吹干。这样制得的金相试样即可在显微镜下进行观察。

四、实验内容

① 每人按要求制备一块金相试样并观察其显微组织。

② 请指导教师评定试样制作质量。

③ 交回试样，整理实验设备及用品。

五、实验报告要求

① 写出实验目的。

② 简述金相试样制备过程及操作要领。

实验名称：车刀角度的测量

实验编号：0406	相关课程：工程材料及机械制造基础
实验类别：验证性	适用专业：机械类各专业
实验性质：必开	

一、实验目的

① 通过对车刀几何角度的测量，进一步理解车刀几何角度的概念及相互之间的关系。

② 了解车刀量角仪的构造和使用方法。

二、实验装置及器材

车刀量角仪、四种被测车刀。

图 4-26 为车刀量角仪，它可以方便地测量主剖面内的前角 γ_o、后角 α_o；基面内的主偏角 κ_r、副偏角 κ_r'；切削平面内的刃倾角 λ_s。

仪器的测量范围：γ_o　$-30°\sim40°$；α_o　$<30°$；$\kappa_r(\kappa_r')$　$<90°$；λ_s　$\pm45°$。

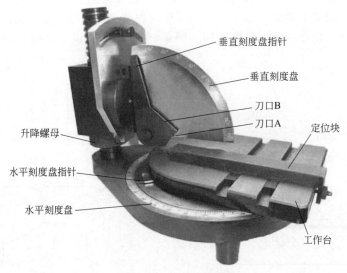

图 4-26　车刀量角仪

旋转车刀量角仪的升降螺母，可使垂直刻度盘沿丝杠上下移动到所需的高度。当垂直刻度盘指针指向零时，相互垂直的刀口 A 和刀口 B 分别平行和垂直于工作台面。

工作台可在水平面内旋转。当水平刻度盘指针指向零时，工作台上定位块的侧面与垂直刻度盘所在的平面平行。定位块在工作台上可沿滑道移动。

三、实验方法及步骤

1. 在主剖面内测量车刀的前角 γ_o 和后角 α_o

将车刀放在工作台上，使车刀的主切削刃与垂直刻度盘在工作台面上的投影（相当于在基面上的投影）垂直，然后旋转升降螺母使垂直刻度盘到达合适的高度，调整垂直刻度盘指针使刀口 A 与前刀面吻合，垂直刻度盘指针在刻度盘上所指的数值就是车刀的前角 $\gamma_。$。图 4-27 所示为前角测量示意。

　　重复上述过程，使刀口 B 与主后刀面吻合，垂直刻度盘指针在刻度盘上所指的数值就是车刀的后角 $\alpha_。$。

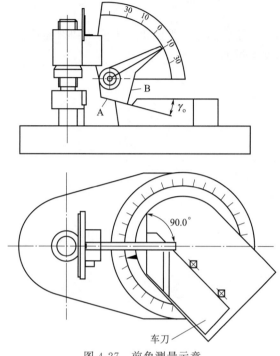

图 4-27　前角测量示意

　　2. 在切削平面内测量刃倾角 λ_s

　　使车刀的主切削刃位于垂直刻度盘所在的平面内，当刀口 A 与主切削刃吻合时，在垂直刻度盘上即可读出刃倾角 λ_s 的大小。

　　3. 在基面内测量主偏角 κ_r 和副偏角 κ_r'

　　将被测车刀的侧面紧靠定位块，转动工作台使车刀的主切削刃（或副切削刃）与垂直刻度盘吻合，水平刻度盘指针所指的数值即为主偏角 κ_r（或副偏角 κ_r'）的余角。图 4-28 所示为主偏角测量示意。

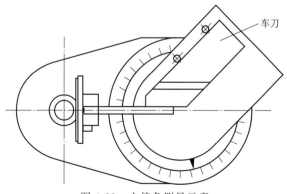

图 4-28　主偏角测量示意

四、实验内容

分别对五种车刀的前角、后角、刃倾角、主偏角和副偏角进行测量。

五、思考题

根据车刀量角仪的结构特点，采用怎样的测量顺序能使测量步骤简化并且更准确？

六、实验报告要求

① 写出实验目的。

② 画图并标出车刀的前角、后角、刃倾角、主偏角和副偏角。

③ 记录车刀几何角度测量值。

④ 完成上述思考题。

⑤ 简述实验体会。

第五章 机械设计实验

实验名称：带传动的滑动和效率测定

实验编号：0501	相关课程：机械设计、机械设计基础
实验类别：综合性	适用专业：机械类各专业
实验性质：必开	

一、实验目的

① 观察带传动中的弹性滑动和打滑现象，了解张紧力对带传动工作能力的影响。

② 通过对滑动率曲线（ε-F 曲线）和效率曲线（η-F 曲线）的测定，分析初拉力、速度对滑动率 ε 和效率 η 的影响。

③ 了解实验台的工作原理及转矩、转速的测试方法。

二、实验设备

① PC-A 型带传动实验台。

② PDC-A 型带传动实验台。

三、实验台的结构及工作原理

1. PC-A 型带传动实验台

（1）结构

PC-A 型带传动实验台结构如图 5-1 所示。实验台是一个装有平带的传动装置，由两个直流电机组成，其中一个为主电机，另一个是作为负载的发电机，主电机由无级调速器实现主轴无级调速。两电机轴上分别装有两直径相等的带轮，主动带轮由主电机驱动，通过平带带动从动带轮。两电机的外壳支承在支座的滚动轴承中，并可绕与转子重合的轴线摆动，在两电机的外壳上分别装有测力杠杆以测量其工作转矩。在直流发电机的输出电路上，并联了八个灯泡，作为带传动的加载装置。

（2）工作原理

① 张紧力的确定。主电机固定在一个沿水平方向移动的滑板上，可沿滑座滑动，砝码通过钢丝绳、定滑轮拉紧滑板，从而使带张紧，构成带传动的张紧机构。改变砝码质量，可以使带获得不同的张紧力。

② 转速的测量。在主动带轮和从动带轮的轴上分别安装一同步转盘，在转盘的同一半径上钻一个小孔，在小孔一侧固定光电传感器，并使传感器的测头正对小孔。带轮转动时，就可在数码管上直接读出带轮的转速 n_1 和 n_2。由于带传动存在着弹性滑动，因此有 $n_2 < n_1$，弹性滑动率为

$$\varepsilon = \frac{v_1 - v_2}{v_1} = 1 - \frac{D_2}{D_1} \times \frac{n_2}{n_1}$$

由于主动带轮与从动带轮直径相同，即 $D_1 = D_2$，则

$$\varepsilon = \frac{n_1 - n_2}{n_1} \times 100\%$$

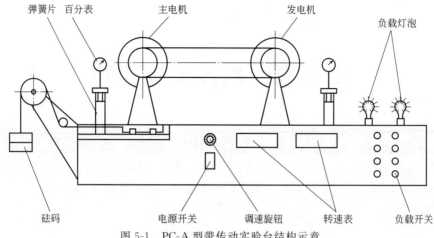

图 5-1　PC-A 型带传动实验台结构示意

③ 加载原理。由于发电机的输出功率为 $P = U^2/R$，因此可通过并联负载灯泡（减小总电阻）的方法来增加发电机的负载。发电机负载的增加，使电磁转矩增大，从而起到了增大带传动输出转矩的作用。因此随着开启灯泡的增多，发电机的负载增大，带的受力增大，两边拉力差也增大，带的弹性滑动逐步增加。当带传递的载荷刚好达到所能传递的最大有效圆周力时，带开始打滑，当负载继续增加时则完全打滑。

④ 转矩的测量。两电机的外壳支承在支座的滚动轴承中，并可绕与转子重合的轴线摆动。当电动机启动和发电机负载后，由于定子磁场和转子磁场的相互作用，电动机的外壳将向转子旋转的反向倾倒，发电机的外壳将向转子旋转的同向倾倒，它们的倾倒力矩可分别通过固定在定子外壳上的测力计测出，测量原理如图 5-2 所示。

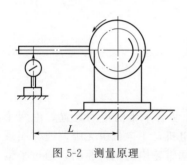

图 5-2　测量原理

支反力　　　　　　　$R = K\Delta (\mathrm{N})$

转矩　　　　　　$T = LR = LK\Delta (\mathrm{N \cdot mm})$

式中，K 为测力杠杆刚性系数（见实验台标签），N/格；Δ 为测力杠杆百分表读数，格；L 为转子中心到百分表的距离，mm。

故主动带轮的转矩为

$$T_1 = R_1 L_1 = L_1 K_1 \Delta_1 (\mathrm{N \cdot mm})$$

从动带轮的转矩为

$$T_2 = R_2 L_2 = L_2 K_2 \Delta_2 (\mathrm{N \cdot mm})$$

带传动效率为

$$\eta = \frac{P_2}{P_1} = \frac{T_2 n_2}{T_1 n_1} \times 100\%$$

式中，P_1、P_2 分别为主、从动带轮的功率；T_1、T_2 分别为主、从动带轮上的转矩；n_1、n_2 分别为主、从动带轮的转速。

⑤ 实验曲线的绘制。带的有效拉力可近似由下面公式计算：

$$F = \frac{2T_1}{D_1}$$

随着负载的改变，T_1、T_2、$\Delta n = n_1 - n_2$ 也均在改变，这样即可获得一系列的 ε 和 η 值，然后以 F 为横坐标、ε 和 η 为纵坐标，绘制出滑动率曲线和效率曲线，如图 5-3 所示。

从图 5-3 中可以看出，当有效拉力 F 小于临界点 F' 时，滑动率 ε 与有效拉力 F 成线性关系，带处于弹性滑动工作状态。当有效拉力 F 超过 F' 点以后，滑动率急剧上升，此时带处于弹性滑动与打滑同时存在的工作状态。当有效拉力等于 F_{max} 时，滑动率近于直线上升，带处于完全打滑的工作状态。同时当有效拉力增加时，传动效率逐渐提高，当有效拉力超过点 F' 时，传动效率急剧下降。

带传动最合理的状态，应使有效拉力 F 等于或稍低于临界点 F'，这时带传动的效率最高，滑动率 $\varepsilon = 1\% \sim 2\%$，并且还有余力负担短时间（如启动）的过载。

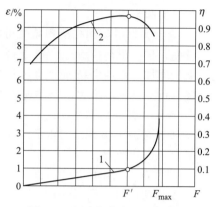

图 5-3　滑动率曲线和效率曲线
1—滑动率曲线；2—效率曲线

2. PDC-A 型带传动实验台

PDC-A 型带传动实验台的结构和工作原理与 PC-A 型带传动实验台基本相同，主要区别是带的张紧形式不同。

（1）结构

如图 5-4 所示，PDC-A 型带传动实验台主要由两个直流电机组成，其中一个为主电机，一个为发动机。发电机的电枢绕组两端接上灯泡作为负载。主电机固定在一个沿水平方向移动的底板上，与发电机由一根平带连接，底板的滑动由带预紧装置推动。两电机的外壳支承在支座的滚动轴承中，并可绕与转子重合的轴线摆动，在两电机的外壳上分别装有测力杠杆以测量其工作转矩。两电机后端装有光电测速装置和测速转盘，所测转速在操作面板各自的数码管上显示。

图 5-4　PDC-A 型带传动实验台外观
1—主电机；2—发电机；3—平带；4—主动带轮；5—从动带轮；
6—螺旋加载装置；7—百分表测力装置；8—负载灯泡；9—操作面板

（2）工作原理

①张紧力的确定。本实验台的张紧机构采用液压和气压螺旋加载装置。旋紧加载螺杆，通过气压和液压传动装置推动底板滑动，从而使带张紧。张紧力由传感器测定，读数由实验台面板上数码管显示。

注意，张紧机构预紧时，预紧力不得超过 10N，否则油缸活塞不回位。

②～⑤同 PC-A 型带传动实验台。

四、实验步骤

① 观察弹性滑动和打滑现象（可由教师演示，学生观察并写出现象描述）。

首先，加一定初拉力，1～2 个灯泡亮。观察弹性滑动（n_1 和 n_2 差值）。逐渐加载，使亮灯数量增加，弹性滑动加大到一定程度时带轮上发出"嚓嚓"声，松边明显下垂，开始打滑。随着负载进一步增大，上述现象加剧，直至脱带（失效）。

② 带传动弹性滑动率曲线和效率曲线的测绘。

a. 接通电源，实验台的指示灯亮，检查一下测力计的测力杠杆是否处于平衡状态，若不平衡则调整到平衡。

b. 调节百分表，使其指针指到零刻度。

c. 施加初拉力。F_0 分两次进行加载，分别进行实验。

d. 慢慢地沿顺时针方向旋转调速旋钮，使电机从开始运转逐渐加速到 $n_1 = 1000r/min$ 左右。

e. 依次打开灯泡开关，分别记下一系列对应的 n_1，n_2，Δ_1、Δ_2 数值，直到带打滑为止。

f. 逐步卸载，然后缓慢减速，直至停机。

g. 改变初拉力重复以上操作，记下相应数值。

h. 实验结束后关闭实验台开关，切断电源。取下加载砝码（或松开张紧机构）和传动带。

i. 整理实验数据，绘制弹性滑动曲线和效率曲线。

五、注意事项

① 开机前，应先确认调速旋钮处于最低转速状态。

② 开机前，一定要检查测力计的测力杠杆，使其处于平衡状态；同时调节调速旋钮时，不要突然使速度增大或减小，以免产生较大冲击力，损害测力计。

③ 不应使带长时间处于打滑状态，避免带过度磨损。

六、思考题

① 带传动的弹性滑动和打滑现象有何区别？它们产生的原因是什么？

② 综合分析滑动率曲线和效率曲线与有效拉力有什么关系。

③ 初拉力 F_0 不同对带的承载能力有何影响？

④ 当 $d_1 > d_2$ 时，打滑首先发生在哪个带轮上？

⑤ 针对带的打滑失效，可采用哪些技术措施予以改进？

七、实验报告要求

① 写出实验台工作条件：实验台型号；带种类；带轮直径；测力杠杆臂长 L；测力计标定值 K；包角。

② 写出实验结果。

a. 整理实验测试数据。

当初拉力 $F_0 = $ _____ 时测量数据

序号	n_1/(r/min)	n_2/(r/min)	Q_1/N	Q_2/N	T_1	T_2	F	e	h
1									
2									
3									
4									

续表

序号	n_1/(r/min)	n_2/(r/min)	Q_1/N	Q_2/N	T_1	T_2	F	e	h
5									
6									
7									
8									

b. 在方格纸上绘制滑动率曲线（ε-F 曲线）及效率曲线（η-F 曲线）。

③ 完成上述思考题。

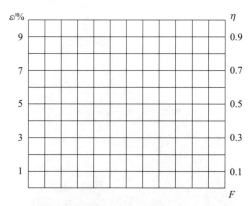

滑动率曲线及效率曲线

实验名称：液体动压滑动轴承的测试与分析

实验编号：0502　　　　　　　　相关课程：机械设计

实验类别：综合性　　　　　　　适用专业：机械类各专业

实验性质：必开

一、实验目的

① 观察径向滑动轴承动压油膜的形成过程和现象。

② 测定和绘制径向滑动轴承周向和轴向油膜压力曲线，求出轴承的承载能力。

③ 了解液体动压滑动轴承实验台的结构原理及测试方法。

二、实验设备及主要技术参数

1. HS-A 型液体动压滑动轴承实验台

实验轴瓦：内径 $d = 70$mm；长度 $B = 125$mm；粗糙度 $Ra = 1.6\mu$m；材料为 ZCuSn5P65Zn5。

加载范围：0～1000N（0～100kgf）。

测力杆上测力点与轴承中心距离：$L = 120$mm。

测力计标定值：$K = 0.098$N/格。

电机功率：355W。

主轴调速范围：0～350r/min。

2. YZC-A 型液体动压滑动轴承实验台

实验轴瓦：内径 $d = 65$mm；长度 $B = 167$mm；粗糙度 $Ra = 1.6\mu$m；材料为

ZCuSn5P65Zn5。

加载范围：0～1000N（0～100kgf）。

测力杆上测力点与轴承中心距离：$L = 98$mm。

测力计标定值：$K = 0.098$N/格。

电机功率：355W。

主轴调速范围：0～350r/min。

三、实验台结构及工作原理

实验台主要由传动装置、加载装置、测试装置组成。实验台的构造如图5-5所示。

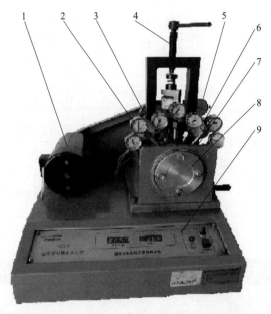

图 5-5　实验台外观

1—直流电机；2—周向压力表（7个）；3—轴向压力表；4—螺旋加载装置；
5—百分表测力装置；6—油膜厚度千分表；7—主轴瓦；8—主轴箱；9—操纵面板

1. 传动装置

由直流电机1通过V带驱动主轴沿顺时针（面对实验台面板）方向转动，由无级调速器实现主轴无级调速。本实验台主轴的转速范围为0～350r/min。在主轴大带轮侧面装有一个红外线测速装置，轴的转速由实验台前面板上的转速数码管直接读出。

2. 加载装置

实验台采用螺杆加载。螺旋加载装置4通过一个压力传感器作用在滑动轴承的外圆上，转动螺杆即可改变载荷的大小，所加载荷通过压力传感器传出，直接在实验台的操纵面板上读出（记录时取中间值）。这种加载方式的主要优点是结构简单、可靠、使用方便，载荷的大小可任意调节。但在启动电机前，一定要使滑动轴承处在零载荷状态，以免烧坏轴瓦。

3. 测量装置

滑动轴承测量装置如图5-6所示。

① 油膜压力测量。实验台的主轴两端由两个滚动轴承支承在箱体上，主轴的下部2/3浸在装有40号机械油箱体的油池里，主轴的上方覆盖着一片半圆形轴瓦，此轴瓦即为实验用滑动轴承。当主轴转动时，将油带入主轴和轴瓦之间，形成动压油膜。在轴瓦全长的1/2处剖面内沿圆周方向钻有7个小孔，每个小孔沿圆周相隔20°，小孔处各装有一个压力表，

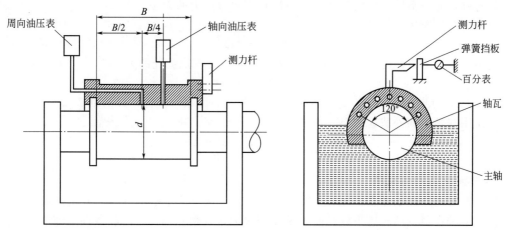

图 5-6 滑动轴承测量装置

用来测量该径向平面内相应点的周向油膜压力。位于轴瓦的垂直方向，分别在轴瓦长度的 1/2 处和 1/4 处开有测压口，接上压力表，用来观察有限长滑动轴承沿轴向的油膜压力情况。

② 摩擦因数测量。滑动轴承的摩擦因数 f 是重要的设计参数之一，它的大小随轴承的特性系数 λ 的改变而改变。

滑动轴承的特性系数为

$$\lambda = \frac{\eta n}{p}$$

式中，η 为油的动力黏度，Pa·s；n 为轴的转速，r/min；p 为轴承的压力（$p = F/Bd$，F 为轴上的载荷，B 为轴瓦的宽度，d 为轴的直径），MPa。

如图 5-7 所示，在边界摩擦时，f 随 λ 的增大而变化很小（由于转速很低，建议用手慢慢转动轴），进入混合摩擦后，随 λ 的增大，f 值急剧下降，在刚形成液体摩擦时 f 达到最小值，此后，随 λ 的增大油膜厚度亦随之增大，因而 f 亦有所增大。

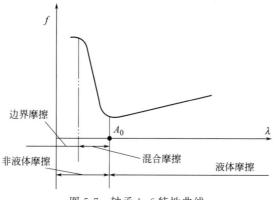

图 5-7 轴承 λ-f 特性曲线

摩擦因数 f 可通过测量轴承的摩擦力矩而得到。当主轴转动时，轴对轴瓦产生周向摩擦力 F，其摩擦力矩为 $Fd/2$。由于轴瓦是悬浮式安装，该摩擦力矩使轴瓦随轴翻转。因此在轴瓦径向装有一测力杆，如图 5-6 所示，在实验台机架上装有一弹簧挡板，在弹簧挡板的另一侧装有一测力计。当轴瓦随轴欲翻转时，装在轴瓦上的测力杆通过弹簧挡板作用在百分表上，通过百分表指针转过的格数 Δ，可以计算出摩擦力的大小。

根据力矩平衡条件得

$$Fd/2=LQ$$

式中，L 为测力杆的长度，mm；Q 为作用在百分表触头处的力。

$$Q=K\Delta$$

式中，K 为测力计标定值，N/格；Δ 为百分表的读数（指针转过的格数）。

设作用在轴上的外载荷为 W，根据摩擦力 $F=fW$，则

$$f=\frac{F}{W}=\frac{2LQ}{Wd}=\frac{2LK\Delta}{Wd}$$

4. 摩擦状态指示装置

指示装置的原理如图 5-8 所示。当主轴静止时，轴与轴瓦是接触的，电路接通，指示灯很亮；当主轴在很低的转速下转动时，轴将润滑油带入轴和轴瓦之间收敛性间隙内，但由于此时的油膜厚度很薄，轴与轴瓦之间部分微观不平度的凸峰处仍在接触，故灯忽亮忽暗；当主轴的转速达到一定值时，轴与轴瓦之间形成的压力油膜厚度完全遮盖两表面之间微观不平度的凸峰，油膜完全将轴与轴瓦隔开，电路断开，指示灯不亮了。

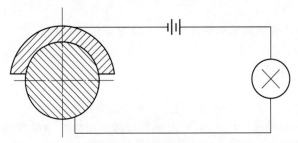

图 5-8　摩擦状态指示原理

四、操作步骤

① 做好开机前的准备工作。

a. 检查百分表（测力计）：使其触头压在弹簧挡板上，并具有少量的压力值。

b. 检查加载螺杆：使其触头与负载传感器脱离接触，处于零加载位置。

c. 检查面板上调速旋钮：逆时针旋转到底（转速最低）。

② 观察动压油膜形成过程。

a. 接通电源，摩擦状态指示灯亮。

b. 启动电机，逐渐旋转调速旋钮，增大转速，指示灯忽亮忽暗。

c. 当电机转速调整到一定值时，指示灯完全熄灭，此时液体动压油膜完全形成。

③ 测定周向油膜压力和轴向油膜压力。

a. 启动电机，旋转调速旋钮，使电机转速调整到一定值（可取 300r/min 左右），观察指示灯，待其熄灭处于完全液体润滑状态后，用加载装置加载至一定值（可取 700N）。

b. 观察 8 个压力表的读数，待各压力表指针稳定后，自左向右依次记录下各压力表的读数。第 1 个到第 7 个压力表的读数用于作油膜周向压力分布图，第 4 个和第 8 个压力表的读数用于作油膜轴向压力分布图。

c. 卸载，关机。

d. 绘制油膜周向压力分布图，并求出平均单位压力 p_m 值。

在坐标纸上按照图 5-9 作一直径等于轴承内径 d 的圆，在圆周上定出 7 个测压孔位置 $1,2,\cdots,7$。通过这些点沿着径向按一定的比例截取长度，以代表所测的压力值。将各压力

向量末端 $1'$，$2'$，…，$7'$ 连成一光滑曲线，即得轴承中间剖面上油膜压力周向分布图。曲线起末两点 0、8 由曲线光滑连接定出。

由油膜压力周向分布图可求得轴承中间剖面上的平均单位压力 p_m，将圆周上的 0，1，2，…，7，8 各点投影到一条水平线上（图 5-9 下方），在相应点的垂线上标出对应点的压力值，将其端点 $0'$，$1'$，…，$7'$，$8'$ 连成一光滑曲线。用数方格的方法近似地求出此曲线所围的面积 A，以 $0'8'$ 为底边作一面积等于 A 的矩形，其高即为 p_m 值，按原比例尺换算后即为轴承中间剖面上的平均单位压力。

e. 绘制油膜轴向压力分布图。

如图 5-10 所示，在坐标纸上作一水平线，取长度为 B（轴承的有效长度），在中点的垂线上按前述比例标出该点的压力 p_4（端点为 $4'$），在距两端 $B/4$ 处，沿垂线方向标出压力 p_8，轴承两端的压力为零。将 0、$8'$、$4'$、$8'$、0 五点连成一光滑曲线，即是轴承油膜压力轴向分布图。

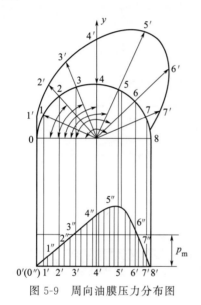

图 5-9 周向油膜压力分布图

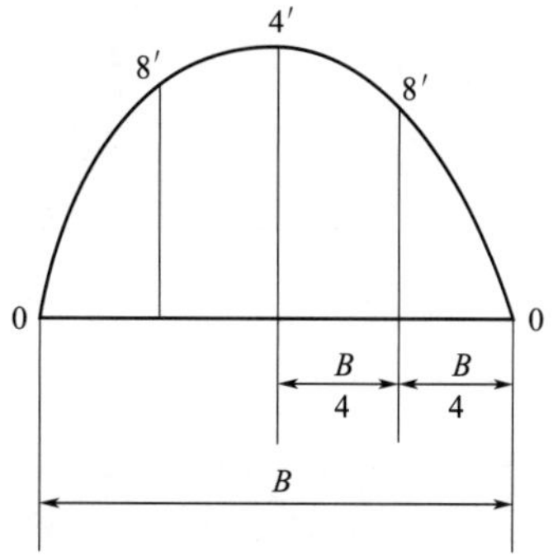

图 5-10 轴向油膜压力分布图

五、注意事项

① 必须在空载情况下开机和关机，否则将损伤轴瓦。

② 若百分表指针摆动，应取其指针摆动幅度的中间值，压力表的读数在稳定后方可记录。

六、思考题

① 本实验中外载荷加在哪个零件上？载荷施加在什么方向？

② 哪些因素影响液体滑动轴承的承载能力及其油膜形成？

③ 当转速增加或载荷增大时，油膜径向压力分布曲线有何变化？

④ 为什么摩擦因数会随转速的改变而改变？

⑤ 形成动压油膜的三要素是什么？

⑥ 本实验中百分表与千分表的作用是什么？

七、实验报告要求

① 写出实验台已知条件：实验台型号；轴承内径 d；轴承有效长度 B；轴承加载范围；测力杆力臂距离 L；测力计标定值 K。

② 写出实验结果。

a. 设计整理实验数据。

油膜周向压力和轴向压力的实测值

载荷 F/N	轴转速 $n/(r/min)$	压力表读数/MPa							
400	200	1	2	3	4	5	6	7	8
400	200								
600	300								

载荷为 400N 时,百分表与千分表读数

轴转速 $n/(r/min)$	百分表读数	千分表读数	
		左	右
20			
50			
100			
150			
200			
250			
300			

b. 根据实验数据,绘制油膜周向和轴向压力分布曲线。

③ 完成上述思考题。

实验名称:轴系结构设计拼装与测绘

实验编号:0503   相关课程:机械设计
实验类别:综合性   适用专业:机械类各专业
实验性质:必开

一、实验目的

① 深入了解轴系部件的结构形式,熟悉零件的结构形状、工艺要求和作用。

② 熟悉并掌握轴的结构设计、滚动轴承组合设计的基本要求和方法。

③ 通过组装测绘为正确设计轴系部件打下基础。

二、实验装置及用具

① 模块化轴段(可组装成不同结构形状的阶梯轴)。

② 轴上零件:齿轮、蜗杆、带轮、联轴器、轴承、轴承座、端盖、套杯、套筒、圆螺母、轴端挡板、止动垫圈、轴用弹性挡圈、孔用弹性挡圈、螺钉、螺母等。

③ 工具:活扳手、游标卡尺、胀钳、钢板尺。

三、实验准备

① 从轴系结构设计实验方案表(表 5-1~表 5-3)中选择实验方案号。

表 5-1 轴系结构设计方案一

方案类型	序号	方案号	设计条件						
			轴系布置简图	轴承固定方式	轴承代号	l/mm	传动件		
							齿轮	带轮	联轴器
单级齿轮减速器输入轴	1	1-1		两端固定	6206	95	A	A	
	2	1-2		两端固定	7206C	95	A	B	
	3	1-3		两端固定	30206	95	A	B	
二级齿轮减速器输入轴	4	2-1		两端固定	6206	145	B		A
	5	2-2		两端固定	7206C	145	B		B
	6	2-3		两端固定	30206	145	B		C
二级齿轮减速器中间轴	7	4-1		两端固定	7206	135	B,C		
	8	4-2		两端固定	30206	135	B,C		

传动件结构及相关尺寸

齿轮			带轮		联轴器		
A	B	C	A	B	A	B	C
$\phi 32$ / 50	$\phi 34$ / 45	$\phi 34$ / 42	$\phi 20$ / 28	$\phi 24.5$ ▷1:10 / 28	$\phi 22$ / 38	$\phi 27.7$ ▷1:10 / 38	$\phi 22$ / 39

表 5-2 轴系结构设计方案二

方案类型	序号	方案号	设计条件				
			轴系布置简图	轴承固定方式	轴承代号	l/mm	传动件
蜗杆减速器输入轴	9	3-1	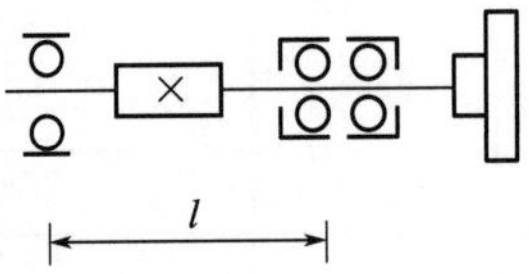	一端固定 一端游动	固定端 7206C 游动端 6306	168	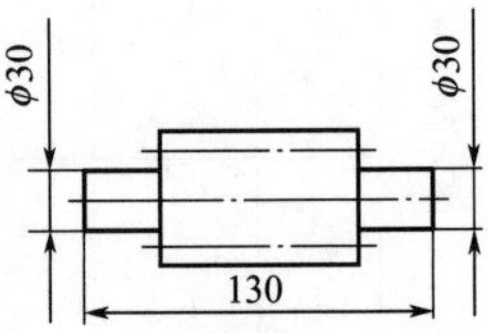 蜗杆 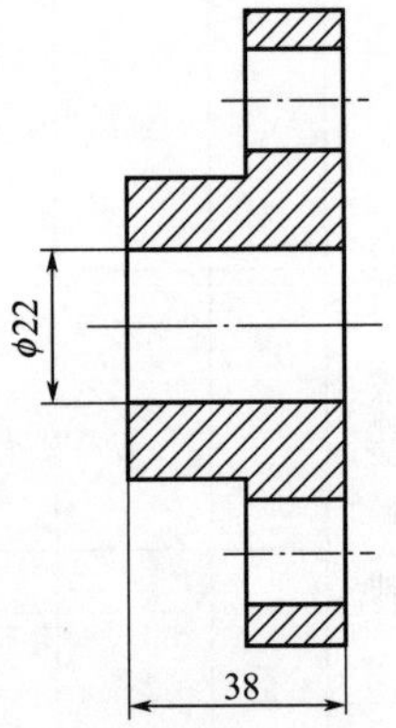
	10	3-2	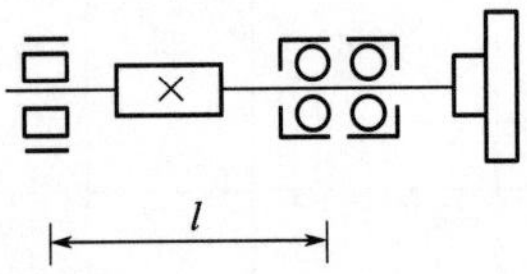	一端固定 一端游动	固定端 7206C 游动端 N306	168	
	11	3-3	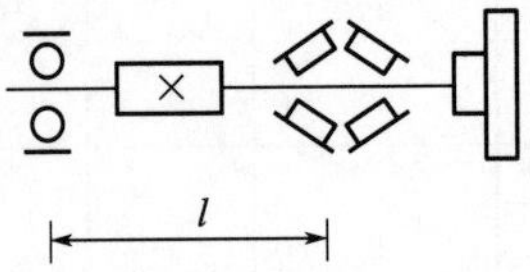	一端固定 一端游动	固定端 30206 游动端 6306	168	 联轴器
	12	3-4	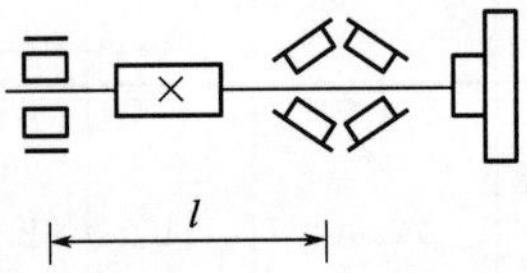	一端固定 一端游动	固定端 30206 游动端 N306	168	
	13	3-5	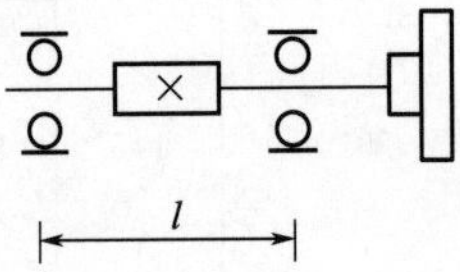	一端固定 一端游动	固定端 6206 游动端 6206	157	
	14	3-6	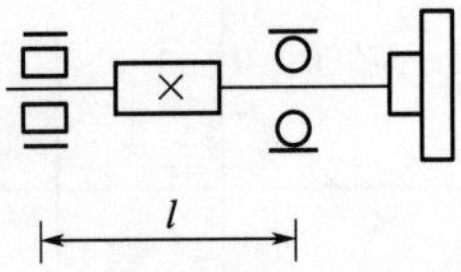	一端固定 一端游动	固定端 6206 游动端 N206	157	

表 5-3 轴系结构设计方案三

方案类型	序号	方案号	设计条件				传动件	
			轴系布置简图	轴承固定方式	轴承代号	l/mm	齿轮	联轴器
锥齿轮减速器输入轴	15	5-1	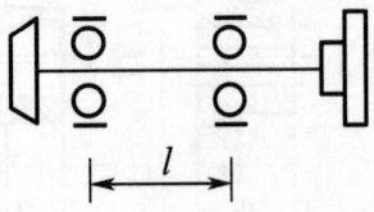	两端固定	6205	80	A	

方案类型	序号	方案号	设计条件						
			轴系布置简图	轴承固定方式	轴承代号	l/mm	传动件		
							齿轮	联轴器	
锥齿轮减速器输入轴	16	5-2		两端固定	6205	80	B	
	17	5-3		一端固定 一端游动	固定端 6205 游动端 6305	80	A	
	18	5-4		两端固定	30205	80	A	
	19	5-5		两端固定	30205	80	B	
	20	5-6		两端固定	30205	75	B	

齿轮结构及相关尺寸	
A	B

② 根据实验方案规定的设计条件确定需要哪些轴上零件。

③ 绘出轴系结构设计装配草图（参考教材有关章节），并注意以下两点。

a. 设计应满足轴的结构设计、轴承组合设计的基本要求，如轴上零件的固定、装拆、轴承间隙的调整、密封、轴的结构工艺性等（暂不考虑润滑问题）。

b. 标出每段轴的直径和长度，其余零件的尺寸可不标注。

各项准备工作应在进实验室前完成。

四、实验步骤

① 利用模块化轴段组装阶梯轴，该轴应与装配草图中轴的结构尺寸一致或尽可能相近。

② 根据轴系结构设计装配草图，选择相应的零件实物，按装配工艺要求顺序装到轴上，

完成轴系结构设计。

③ 检查轴系结构设计是否合理，并对不合理的结构进行修改。合理的轴系结构应满足下述要求。

　　a. 轴上零件装拆方便，轴的加工工艺性良好。

　　b. 轴上零件固定（轴向、周向）可靠。

　　c. 轴承固定方式应符合给定的设计条件，轴承间隙调整方便。

　　d. 锥齿轮轴系的位置应能作轴向调整。

因实验条件的限制，本实验忽略过盈配合的松紧程度、轴肩过渡圆角及润滑问题。

④ 测绘各零件的实际结构尺寸（底板不测绘，轴承座只测量轴向宽度）。

⑤ 绘制轴系结构装配图：在实验报告上按一定比例完成轴系结构设计装配图（只标出各段轴的直径和长度即可，公差配合及其余尺寸不注）。

⑥ 组装完毕经指导教师认可后，拆卸所组装的传动系统，并将零件整理装箱，工具放回原处。

五、思考题

① 轴上零件的轴向固定和周向固定有哪些方式？你在本次实验中采用了哪些方式？

② 轴承间隙是如何调整的？轴向力是通过哪些零件传递到支座上的？

③ 轴承内、外圈是采取什么方法固定的？

④ 简述本次实验的体会和收获。

六、实验报告要求

① 写出实验结果。

　　a. 写出实验方案号及已知条件。

　　b. 按比例绘出轴系结构设计装配图。

② 完成上述思考题。

实验名称：减速器拆装

实验编号：0504	相关课程：机械设计
实验类别：综合性	适用专业：机械类各专业
实验性质：必开	

一、实验目的

通过对减速器的拆装，对下列内容的有所了解，为课程设计打下良好基础。

① 了解整个减速器的概貌，熟悉拆卸和装配方法。

② 了解减速器上装有哪些附件，各自的功用及其布置情况。

③ 了解减速器内部结构情况、零件的装配关系、安装和调整过程及润滑、密封方式。

二、实验装置及用具

① 一级圆柱齿轮减速器。

② 一级圆锥齿轮减速器。

③ 蜗杆减速器。

④ 展开式二级圆柱齿轮减速器。

⑤ 同轴式二级圆柱齿轮减速器。

⑥ 圆锥-圆柱齿轮减速器。

⑦ 分流式二级圆柱齿轮减速器。

⑧ 拆装用工具一套。

三、实验内容

减速器是在原动机与工作机之间独立的闭式传动装置，由置于刚性封闭箱体中的一对或几对相啮合的齿轮或蜗轮蜗杆来改变运动形式、降低转速和相应地增大转矩。此外，在某些场合也有用来增速的，命名为增速器。

减速器种类很多，按齿轮的类型可分为圆柱齿轮减速器、圆锥齿轮减速器、蜗杆减速器、圆锥-圆柱齿轮减速器及蜗杆-圆柱齿轮减速器等类型；按齿轮的级数可分为单级、二级和三级减速器；按运动简图的特点可分为展开式、同轴式和分流式减速器。

本实验以结合机械设计课程设计，按要求拆装一种减速器。要求在拆装过程中，仔细观察并作相关记录。

四、实验方法及步骤

① 打开减速器前，先对减速器的外形进行观察。

a. 了解减速器的名称、类型、总减速比；输入、输出轴伸出端的结构；用手转动减速器的输入轴，观察减速器转动是否灵活。

b. 了解减速器的箱体结构，注意下列名词各指减速器上的哪一部分，并观察其结构形状、尺寸关系和作用：箱体凸缘，轴承旁螺栓，凸台，加强筋；箱体凸缘连接螺栓，地脚螺栓通孔；轴承端盖，轴承端盖螺钉。

c. 观察了解减速器各附件的名称、用途、结构和位置要求：通气器，窥视孔盖，油塞，油面指示器，吊装装置，启盖螺钉，定位销。

② 按下列顺序打开减速器，取下的零件要注意按顺序放好，配套的螺钉、螺母、垫圈应套在一起，以免丢失。在拆卸时要注意安全，避免压伤手指。

a. 用扳手松开轴承端盖螺钉，取下轴承端盖（嵌入式端盖无此项）。

b. 取下定位销。

c. 取下上、下箱体的各个连接螺栓。

d. 用启盖螺钉顶起箱盖。

e. 取下上箱盖。

③ 观察减速器内部结构情况。

a. 轴承类型，轴和轴承的布置情况。

b. 轴承组合在减速器中的轴向固定方式，轴承游隙及轴承组合位置的调整方法。

c. 传动件的润滑方式，传动件与箱体底面的距离。

d. 轴承的润滑方式，在箱体的剖分面上是否有集油槽或排油槽。

e. 伸出轴的密封方式，轴承是否有内密封。

④ 从减速器上取下轴，依次取下轴上各零件，并按取下顺序依次放好。

a. 分析轴上各零件的周向和轴向固定的方法。

b. 了解轴的结构，注意下列名词各指轴上的哪一部分，各有何功用：轴颈，轴肩，轴肩圆角；轴环，倒角；键槽，螺纹退刀槽，越程槽；配合面，非配合面。

c. 绘制一根轴及轴上零件的装配草图。

⑤ 根据实验报告的要求，测量减速器各主要部分的参数及尺寸，并记录于表中。

a. 测出各齿轮齿数，求出各级传动比及总传动比。

b. 测出中心距，并根据公式推算出齿轮的模数及斜齿轮的螺旋角。

c. 测出各齿轮的齿宽，算出齿宽系数，观察大、小齿轮的齿宽是否一样。

⑥ 按与拆卸的相反顺序装好减速器。

⑦ 用手转动输入轴，观察减速器是否转动灵活，若有故障应予以排除。

五、思考题

① 轴承座两侧上、下箱体连接螺栓应如何布置？支承该螺栓的凸台高度应如何确定？

② 本减速器的轴承用何种方式润滑？如何防止箱体的润滑油混入轴承中？

③ 本减速器轴和轴承的轴向定位是如何考虑的？轴向游隙是如何调整的？

④ 为什么小齿轮的宽度往往做得比大齿轮宽一些？

⑤ 大齿轮顶圆距箱底壁间为什么要留一定距离？这个距离如何确定？

⑥ 为了使润滑油经油沟后进入轴承，轴承盖的结构应如何设计？

⑦ 箱体接合面用什么方式密封？

六、实验报告要求

① 写出实验结果。

a. 画出减速器传动示意图，标出输入、输出轴。

b. 将减速器主要参数及尺寸填入表中。

减速器类型及名称				
传动比		$i_高$	$i_低$	$I_总 = i_高 i_低$
齿数		高速级		低速级	
		小齿轮	大齿轮	小齿轮	大齿轮
中心距				
模数	m_t			
	m_n			
齿宽及齿宽系数	b			
	Ψ_d			
轴承型号及个数				
锥齿轮的顶锥角		$\delta_1 =$		$\delta_2 =$	
斜齿轮的螺旋角		$\beta_1 =$		$\beta_2 =$	
蜗杆参数		$z_1 =$		$\gamma =$	

② 完成上述思考题。

实验名称：机械传动性能综合测试

实验编号：0505	相关课程：机械设计
实验类别：综合性	适用专业：机械类各专业
实验性质：选开	

一、实验目的

① 通过测试常见机械传动装置（如带传动、链传动、齿轮传动、蜗杆传动等）在传递运动与动力过程中的参数曲线（速度曲线、转矩曲线、传动比曲线、功率曲线及效率曲线等），加深对常见机械传动性能的认识和理解。

② 通过测试由常见机械传动组成的不同传动系统的参数曲线，掌握机械传动合理布置

的基本要求。

③ 通过实验，掌握机械传动性能综合测试实验台的工作原理，掌握计算机辅助实验的新方法。

④ 培养学生根据机械传动实验任务，进行自主实验的能力。实验在机械传动性能综合测试实验台上进行，实验室提供机械传动装置和测试设备资料，学生根据实验任务自主设计实验方案，搭接传动系统进行测试。

二、实验设备

实验设备为 JCY 型（或 JZC 型）机械传动性能综合测试实验台。该实验台由不同种类的机械传动装置、联轴器、变频电机、加载装置和工控机等模块组成，另外还有测控软件支持，可自动进行数据采集、分析、处理。学生可根据自己的实验方案进行传动连接、安装调试和测试，进行设计性、综合性或创新性实验。

1. 实验台组成部件的结构布局

实验台组成部件的结构布局如图 5-11 所示。实验台组成部件的主要技术参数见表 5-4。

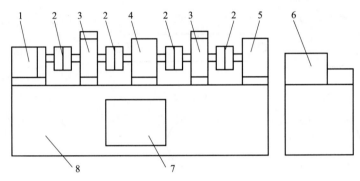

图 5-11 实验台组成部件的结构布局

1—变频调速电机；2—联轴器；3—转矩转速传感器；4—试件；
5—加载与制动装置；6—工控机；7—电气控制柜；8—台座

表 5-4 实验台组成部件的主要技术参数

组成部件	技术参数	备注
变频调速电机	550W	
ZJ 型转矩转速传感器	①规格 10N·m 输出信号幅度不小于 100mV ②规格 50N·m 输出信号幅度不小于 100mV	
机械传动装置（试件）	直齿圆柱齿轮减速器 $i=5$ 蜗杆减速器 $i=10$ V 带传动 齿形带传动 $P_b=9.525mm$ $z_b=80$ 套筒滚子链传动 $z_1=17$ $z_2=25$	1 台 WPA50-1/10 型 V 带 3 根 1 根 08A 型,3 根
磁粉制动器	额定转矩 50N·m 励磁电流 2A 允许滑差功率 1.1kW	加载装置
工控机	IPC-810A 型	控制电机和负载,采集数据,打印曲线

2. 实验台使用说明

① 实验台各部分的安装连线步骤如下。

a. 接好工控机、显示器、键盘和鼠标之间的连线，并接上电源。

b. 将主电机、主电机风扇、磁粉制动器、ZJ10 型传感器（辅助）电机、ZJ50 型传感器（辅助）电机与控制台连接，其插座位置在控制台背面右上方，如图 5-12 所示。

c. 输入端 ZJ10 型传感器的信号口Ⅰ、Ⅱ接入工控机内卡 TC-1（300H）信号口Ⅰ、Ⅱ，如图 5-13 所示。

d. 输出端 ZJ50 型传感器的信号口Ⅰ、Ⅱ接入工控机内卡 TC-1（340H）信号口Ⅰ、Ⅱ，如图 5-13 所示。

e. 将控制台 37 针插头与工控机连接，即将控制台背面右上方标明为工控机的插座与工控机内 IO 控制卡相连（图 5-12、图 5-13）。

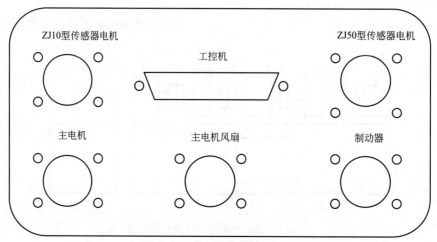

图 5-12　控制台背面示意

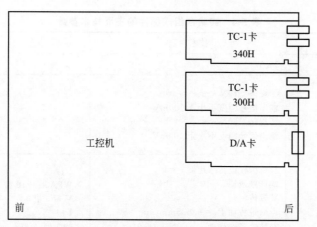

图 5-13　工控机插卡示意

② 搭接实验装置时，由于电机、被测传动装置、传感器、加载设备的中心高均不一致，组装、搭接时应选择合适的垫板、支承板、联轴器，调整好设备的安装精度，以使测量的数据精确。各主要搭接件中心高及轴径尺寸如下。

a. 变频电机：中心高 80mm，轴径 ϕ19mm。

b. ZJ10 型转矩转速传感器：中心高 60mm，轴径 ϕ14mm。

c. ZJ50 型转矩转速传感器：中心高 70mm，轴径 ϕ25mm。

d. FZ-5 型法兰式磁粉制动器：轴径 ϕ25mm。

e. WPA50-1/10 型蜗杆减速器：输入轴中心高 50mm，轴径 ϕ12mm。

f. 输出轴：中心高 100mm，轴径 ϕ17mm。

g. 齿轮减速器：中心高 120mm，轴径 ϕ18mm，中心距 85.5mm。

h. 摆线针轮减速器：中心高 120mm，轴径 ϕ20mm，轴径 ϕ35mm。

i. 轴承支承座：中心高 120mm，轴径 a ϕ18mm，轴径 b ϕ14mm，ϕ18mm。

③ 在有带传动、链传动的实验装置中，为防止压轴力直接作用在传感器上，影响传感器的测试精度，一定要安装本实验台的专用轴承支承座。

④ 在搭接好实验装置后，用手驱动电机轴，如果装置运转自如可接通电源，开启电源进入实验操作。否则重调各连接轴的中心高、同轴度，以免损坏转矩转速传感器。

⑤ 本实验台可进行手动和自动操作，手动操作可通过按动控制台正面的控制面板上的按钮（图 5-14），即可完成实验全过程。

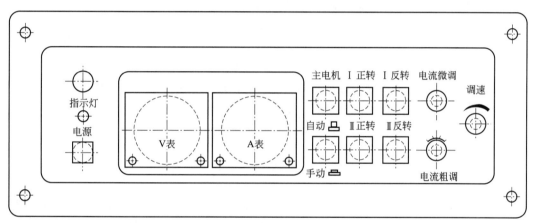

图 5-14 控制台正面的控制面板

控制面板介绍如下。

电源：接通、断开电源。

自动，手动：选择操作方式。

主电机：开启、关闭变频电机和主电机风扇。

Ⅰ正转：输入端 ZJ10 型传感器电机正向转动的开启、关闭。

Ⅰ反转：输入端 ZJ10 型传感器电机反向转动的开启、关闭。

Ⅱ正转：输出端 ZJ50 型传感器电机正向转动的开启、关闭。

Ⅱ反转：输出端 ZJ50 型传感器电机反向转动的开启、关闭。

电流粗调：FZ-5 型磁粉制动器加载粗调。

电流微调：FZ-5 型磁粉制动器加载微调。

3. 软件使用说明

(1) JCY 型机械传动性能综合测试实验台

① 界面总览如图 5-15 所示。

运行界面主要由下拉菜单、显示面板、电机控制操作面板、数据操作面板、被测参数数据库、测试记录数据库六部分组成。其中电机控制操作面板主要用于控制实验台架，下拉菜单中可以设置各种参数，显示面板用于显示试验数据，测试记录数据库用于存放并显示临时

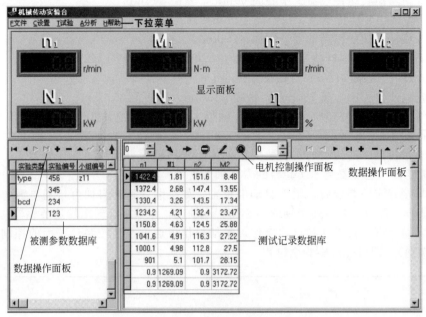

图 5-15　JCY 型机械传动性能综合测试实验台运行界面

测试数据，被测参数数据库用来存放被测参数，数据操作面板主要用来操作两个数据库中的数据。

实验数据测试前，应对测试设备进行参数设置和调零，以保证测量精度。

② 参数设置。打开工控机，双击桌面的快捷方式"Test"进入软件运行界面，如图 5-15 所示，按下控制台正面控制面板上的电源按钮，选择自动、主电机按钮。

选择下拉菜单"C 设置"部分。

a. 在报警参数对话框内第一报警参数、第二报警参数不必理睬，定时记录数据可设为零或大于 10min，意思是采用手动记录数据，不用定时记录数据；采样周期为 1000ms 即可。

b. 在可显示的参数对话框内，可供显示的参数可选择 n_1、M_1、n_2、M_2、N_1、N_2、i、η 这些参数，这些参数已经打勾，可不理睬。

c. 在设置转矩转速传感器常数对话框内，用户根据输入端和输出端转矩转速传感器铭牌上的标记，正确填写对话框内的系数、转矩量程和齿数，框内的小电机转速和转矩零点可暂不填入。

选择下拉菜单"A 分析"部分。在绘制曲线的对话框内：Y 坐标轴可根据需要选择要绘制曲线的参数项，但只限于可供显示的那几种试验参数；X 坐标轴可设置为 M_2，曲线拟合法先设置为折线法，X、Y 坐标值可先设置为自动，待正式测试时根据需要再进行适当调整。准备完成以上步骤，参数设置即完成了。

③ 调零。点击主界面下拉菜单中的"T 试验"部分，分别启动输入和输出端转矩转速传感器上的小电机（任意选择一种旋转方向），此时显示面板上 n_1 和 n_2 分别显示小电机的转速，M_1 和 M_2 应分别显示传感器量程 [M_1 一般为（10±3）N·m，M_2 一般为（50±10）N·m]，然后点击电机控制操作面板上的电机转速调节框，调节主电机转速，如果此时小电机和主轴旋转方向相反，转速叠加，说明小电机旋转方向正确，可进行下一步骤操作，如果此时显示小电机转速减小，则要重新调整小电机旋向，直到两小电机转速均与主轴转速叠加为止。

小电机旋转方向确定后，将主轴停止。然后再次点击下拉菜单"C 设置"部分，选择 T

系统再次弹出设置转矩转速传感器参数对话框，此时只需分别按下输入和输出端调零框右边一个钥匙状按钮便可自动调零，存盘后停止小电机，返回主界面，调零结束。

（2）JZC 型机械传动性能综合测试实验台

① 界面总览如图 5-16 所示。

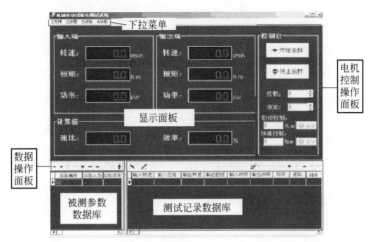

图 5-16　JZC 型机械传动性能综合测试实验台运行界面

运行界面由下拉菜单、显示面板、电机控制操作面板、数据操作面板、被测参数数据库、测试记录数据库六部分组成。其中电机控制操作面板主要用于控制实验台架，下拉菜单中可以设置各种参数，显示面板用于显示试验数据，测试记录数据库用于存放并显示临时测试数据，被测参数数据库用来存放被测参数，数据操作面板主要用来操作两个数据库中的数据。

实验数据测试前，应对测试设备进行参数设置和调零，以保证测量精度。

② 参数设置。参照 JCY 型机械传动性能综合测试实验台的参数设置。

③ 调零。

a. 进入主界面的电机控制操作面板，将频率一栏填入 2000 数字，然后点击"开始采样"，再在频率栏点击"△"键，此时主电机开始运转。

b. 将输入端转矩转速传感器小电机（测速电机，以下称小电机）的切换开关分别打到正转或反转，观察主界面的输入转速，如果打到正转的转速较高，说明此时小电机和主轴旋转方向相反，小电机旋转方向选择正确，可进行下一步骤操作，反之，则选取反转。

c. 小电机旋转方向确定后，点击"停止采样"将主电机停下来，用手转动一下传动轴，消除轴的扭转应力。

d. 点击下拉菜单"C 设置"部分，选择 T 系统再次弹出设置转矩转速传感器参数对话框，此时点击输入端转矩调零框右边的钥匙状按钮，出现另一个界面。

e. 选择"调零后序号不变"，再点击"自动调零"，最后点击"ok"即可保存调零值。

f. 输出端的调零方法和输入端相同。

g. 返回到主界面，将输入、输出端转矩转速传感器小电机转换开关打到"停"位，此时自动调零全部完成。

三、实验原理

机械传动性能综合测试实验台的运动和动力参数测试工作原理如图 5-17 所示。其动力部分是一台变频调速电机，它能为被测装置提供各种不同的转速，在被测传动装置的输入和输出端各装有一个转矩转速传感器，输出端还装有可调节载荷的负载，再通过转矩转速测量

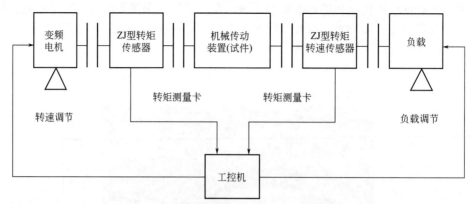

图 5-17　机械传动性能综合测试实验台的运动和动力参数测试工作原理

卡把实验数据读入工控机。实验中，通过实验台控制软件可以自动测试转速 n(r/min)、转矩 M(N·m)，同时还可采集转速、转矩、功率、传动比和效率数据，其中功率、传动比和效率数据是通过如下关系计算得到的。

功率
$$N = \frac{Mn}{9550}$$

传动比
$$i = \frac{n_1}{n_2}$$

效率
$$\eta = \frac{N_2}{N_1}$$

实验中，还可以把加载过程记录下来，利用所记录的数据，实验台控制软件绘出被测装置的性能参数曲线。根据参数曲线可以对被测机械传动装置或传动系统的传动性能进行分析。

四、实验任务

在机械传动性能综合测试实验台上能开展三类实验，指导教师可根据学生及专业特点进行选择。

实验 A：典型机械传动装置性能测试实验。可从 V 带传动、同步带传动、滚子链传动、圆柱齿轮减速器、蜗杆减速器中，选择 1～2 种进行传动性能测试实验。

实验 B：组合传动系统布置优化实验。要确定选用的典型机械传动装置及其组合布置方案，并进行方案比较（表 5-5）。

实验 C：新型机械传动性能测试实验。

表 5-5　组合传动系统布置方案

实验内容编号	组合布置方案 a	组合布置方案 b
B1	V 带传动-齿轮减速器	齿轮减速器-V 带传动
B2	同步带传动-齿轮减速器	齿轮减速器-同步带传动
B3	链传动-齿轮减速器	齿轮减速器-链传动
B4	带传动-蜗杆减速器	蜗杆减速器-带传动
B5	链传动-蜗杆减速器	蜗杆减速器-链传动
B6	V 带传动-链传动	链传动-V 带传动
B7	摆线针轮减速器-V 带传动	摆线针轮减速器-链传动

学生根据实验任务自主设计实验方案，搭接传动系统进行测试，分析传动系统设计方

案，写出实验报告。

五、实验步骤

1. 实验前准备

① 认真阅读实验指导书和实验台使用说明书（实验室提供），熟悉各主要设备的性能、参数及使用方法，正确使用仪器、设备及测试软件。

② 了解实验台提供的机械传动零部件的性能特点。

③ 根据实验内容设计传动方案，画出机械传动测试系统平面布置草图。

2. 布置、安装被测机械传动装置

① 选择机械传动零部件，按照传动测试系统方案进行搭接组合。注意搭接时应选用合适的调整垫块，确保传动轴之间的同轴度要求。

② 搭接好实验装置后，用手驱动电机轴，观察并感觉系统运转是否灵活，否则要重新检查直至达到要求。

③ 对测试设备进行正确连线（参照实验台使用说明），请实验指导教师检查通过后，方可接通电源，进行下一步实验。

3. 机械传动性能测试

① 打开实验台电源总开关和工控机电源开关，对测试设备进行调零（参照实验台软件使用说明），以保证测量精度。

② 点击"Test"显示测试控制系统主界面，熟悉主界面的各项内容。

③ 键入实验教学信息表：实验类型、实验编号、小组编号、实验人员、指导教师、实验日期等（注意实验编号必须填写）。

④ 点击"设置"，确定实验测试参数（转速 n_1、n_2 转矩 M_1、M_2 等）。

⑤ 点击"分析"，确定实验分析所需项目（曲线选项、绘制曲线、打印表格等）。

⑥ 启动主电机，进入"试验"。使电机转速加快至接近同步转速后，进行加载。加载时要缓慢平稳，否则会影响采样的测试精度，待数据显示稳定后，即可进行数据采样。分级加载，分级采样，采集数据10组左右即可。

⑦ 点击"分析"，从"分析"中调看参数曲线，确认实验结果。

⑧ 结束测试。注意逐步卸载，关闭电源开关。

4. 实验结果分析

① 对于试验A和试验C，重点分析机械传动装置传递运动的平稳性和传递动力的效率。

② 对于试验B，重点分析不同的布置方案对传动性能的影响。

六、注意事项

① 本实验台采用的是风冷式磁粉制动器，注意其表面温度不得超过80℃，实验结束后应及时卸除载荷。

② 传感器本身是一台精密仪器，严禁手握轴头搬运（对于小规格尤其要注意）；严禁在地上拖拉；在安装联轴器时，严禁用铁质榔头敲打。

③ 在施加试验载荷时，手动应平稳地旋转电流微调旋钮，自动也应平稳地加载，并注意输入传感器的最大转矩分别不应超过其额定值的120%。

④ 无论做何种实验，均应先启动主电机后加载荷，严禁先加载荷后开机。

⑤ 在实验过程中，如遇电机转速突然下降或者出现不正常的噪声和振动时，必须卸载或紧急停车（关掉电源开关），以防电机温度过高，烧坏电机、电器及其他意外事故。

七、思考题

① 根据各实验数据，说明实验设备效率差别的主要原因。

② 实验中使用了哪些传感器？

③ 试分析转矩和转速对效率的影响。

八、实验报告要求

① 列出设备型号。

② 写出实验结果。

a. 分析传动方案，画出实验搭接的机械传动测试系统平面布置草图。

b. 设计整理实验测试数据表。

c. 绘出参数曲线，对实验结果进行分析。

③ 完成上述思考题。

转矩转速传感器介绍

一、概述

ZJ 型转矩转速传感器（简称传感器）是根据磁电转换和相位差原理，将转矩、转速机械量转换成两路有一定相位电压信号的一种精密仪器，它一般与转矩转速仪（简称测量仪）配套使用，能直接测量各种动力机械的转矩与转速（即机械功率）。

二、结构原理

图 5-18 所示为传感器的结构示意，它由机座、端盖、套筒、扭力轴、内齿轮、外齿轮、磁钢、线圈、轴承等组成。内齿轮、磁钢固定在套筒上，线圈固定在端盖上，外齿轮固定在扭力轴上，当内、外齿轮发生相对转动时，由于磁通不断变化，在线圈中便感应出近似正弦波的感应电势 μ_1、μ_2，两感应电势的初始相位差是恒定的，考虑到正反加载，α_0 设计在大约 $180°$ 位置上，当加上扭力时，扭力轴发生扭转变形。在弹性范围内外加转矩与机械扭转角成正比，这时 μ_1、μ_2 信号的相位差要发生变化，$\alpha = \alpha_0 \pm \Delta\alpha$。当传感器的转矩增加到额定值时，变化的相位差 $\Delta\alpha$ 约为 $90°$。因此，测量出 α 就等于间接测量出轴上的外加转矩，这样，传感器就实现了把机械（扭角变化）转化成电子量（相位差变化）的过程。图 5-19 所示为信号的时序波形。此时，扭力轴的机械扭转角 $\Delta\beta$ 为 $360°/z$ 的 $1/4$（z 为齿轮齿数）。

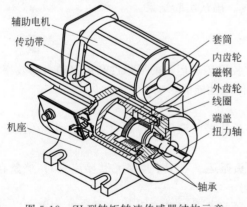

图 5-18 ZJ 型转矩转速传感器结构示意

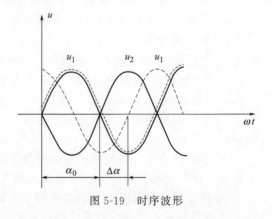

图 5-19 时序波形

三、正常工作条件

传感器应在下列环境条件下正常工作。

① 温度：$0 \sim 50℃$。

② 相当湿度：$< 90\%$。

③ 电源：频率为 (50 ± 2)Hz 的三相交流电源，电压为 (380 ± 38)V。

磁粉制动器介绍

磁粉制动器是一种性能优越的自动控制元件。它以磁粉为工作介质，以励磁电流为控制手段，达到控制制动或传递转矩的目的。其输出转矩与励磁电流呈良好的线性关系而与转速或滑差无关，并具有响应速度快、结构简单等优点。磁粉制动器可作为模拟加载器使用，与转矩转速传感器及转矩转速功率测量仪配套组成成套测功装置，广泛用于电机、内燃机、变速器等动力及传动机械的功率、效率测量。

一、基本特性

1. 励磁电流-转矩特性。

励磁电流与转矩基本成线性关系，通过调节励磁电流可以控制转矩的大小。其特性如图 5-20 所示。

2. 转速-转矩特性。

转矩与转速无关，保持定值。静转矩和动转矩没有差别。其特性如图 5-21 所示。

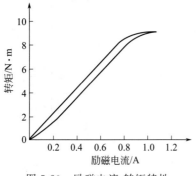

图 5-20 励磁电流-转矩特性

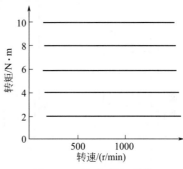

图 5-21 转速-转矩特性

3. 负载特性

磁粉制动器的允许滑差功率，在散热条件一定时是定值。其连续运行时，实际滑差功率需在允许滑差功率以内。使用转速高时，需降低转矩使用。其特性如图 5-22 所示。

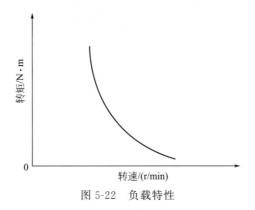

图 5-22 负载特性

例如，FZ-10 型磁粉制动器，额定转矩 $M=100\text{N}\cdot\text{m}$，滑差功率 $P=7\text{kW}$，则转速 $n=670\text{r/min}$，如转速 $n=1500\text{r/min}$ 时连续运行，则允许转矩应为 $M=9550P/n=9550\times7/1500\text{N}\cdot\text{m}=45\text{N}\cdot\text{m}$，即如转速提高为 1500r/min 时，转矩只能在 $45\text{N}\cdot\text{m}$ 以下连续使用（式中 9550 为单位换算常数）。

二、使用及注意事项

① 磁粉制动器用直流电作励磁电源。建议使用 WLK 控制器。

② 磁粉制动器在运输过程中，常使磁粉聚集到某处，甚至会出现"卡死"现象，此时只需将制动器整体翻动，使磁粉松散开来，或用杠杆撬动。同时，在使用前应进行跑合运转，通以 20% 左右的额定电流运转几秒钟后断电再通电，反复几次。

③ 磁粉制动器的选型一般以其最大制动转矩来确定。在无变速机构的情况下卷绕材料所需的最大张力与最大卷绕半径的乘积应不超过制动器的额定转矩。当放卷速度较快时，应保证制动器的实际滑差功率小于其允许滑差功率。实际滑差功率为

$$P = (2\pi/60)Mn = Fv(\text{W})$$

式中，M 为实际制动转矩，$\text{N}\cdot\text{m}$；n 为滑动转速，r/min；F 为张力，N；v 为线速度，m/s。

④ 磁粉制动器不支持使用径向承受主传动力的安装方式，如悬臂安装带轮、齿轮等（图 5-23）。支持使用联轴器式安装方式（图 5-24）。如确需安装齿轮及带轮，建议轴端增加支承（图 5-25）。

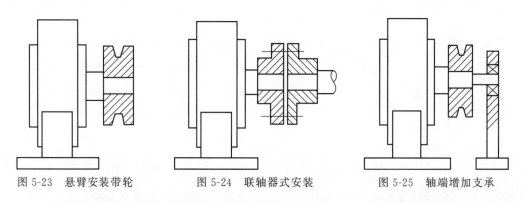

图 5-23　悬臂安装带轮　　　　图 5-24　联轴器式安装　　　　图 5-25　轴端增加支承

⑤ 如需更换磁粉，可注明磁粉制动器规格和出厂编号，以便确定磁粉规格和数量。

实验名称：机械设计陈列柜演示

实验编号：0506	相关课程：机械设计
实验类别：演示性	适用专业：机械类各专业
实验性质：必开	

一、实验目的

① 通过观看机械设计陈列柜，增强对各种常用零部件的结构、类型、特点的感性认识，配合《机械设计》课程的学习。

② 加强对常见机械传动装置的认识，了解各种常见机械传动装置结构和特点。

③ 了解各种常用机械零部件的失效形式，掌握机械零部件的设计准则。

④ 加深对标准件如滚动轴承、螺纹连接件等零件代号的理解，为正确选用打好基础。

二、实验设备

机械设计陈列柜是为了配合《机械设计》课程理论教学设置的，共由 18 个展柜组成。展柜中陈列了各种类型的机械零部件，并配有相关的录音讲解及简图和文字说明，具有形象、直观的特点。通过参观使学生获得直观的感性认识，加深对机械设计课程内容的理解。

三、实验方式和要求

① 实验方式以学生观察、自学为主，教师辅导答疑为辅，并进行现场讨论、分析。

② 学生可根据理论教学的时间不同，结合教科书的有关章节，随时到实验室观察，回答思考题。可阶段性回答，也可一次性回答。

③ 在观察过程中，应着重了解：机械零部件的类型、结构，掌握其特点和应用；机械零部件的常用材料和工作原理；机械零部件的失效形式；加深对标准件如滚动轴承、螺纹连接件等零件代号的理解，为正确选用打好基础。

四、实验内容配套思考题

第 1 柜：螺纹连接的基本知识

螺纹连接有几种类型？它们各用于什么场合？

第 2 柜：螺纹连接的应用

① 螺纹连接为什么要进行预紧？控制预紧的方法有哪些？

② 防松装置的作用是什么？常用的防松装置有哪几种？

③ 试解释陈列柜中的机械防松装置中，串联细丝的方向为什么一个是正确的，而另一个是不正确的。

④ 弹簧垫圈的缺口方向为什么是左旋方向？

⑤ 为提高螺栓连接的强度，陈列柜中列举了哪些措施？

第 3 柜：键、花键、无键连接和销

① 陈列柜中列举了哪些键连接？各用于什么场合？

② 按齿形不同，花键连接分为哪几种？

③ 销钉起什么作用？在什么情况下用圆柱销？什么情况下用圆锥销？

④ 无键连接有哪些方式？与键连接相比有何优势？

第 4 柜：铆接、焊接、胶接和过盈连接

仔细观察各种铆接、焊接、胶接、过盈连接结构形式，有何不同？

第 5 柜：带传动

① 传动带按截面形式分为哪几种？带传动有哪几种失效形式？

② 简述 V 带的结构及标准。为什么一般机械传动中主要用 V 带传动？

③ 带轮常用的材料及结构有哪几种？如何选择？

④ 带传动为什么要进行张紧？常见的张紧装置有哪些？

⑤ 带传动在工作时，带与大、小带轮间的摩擦力是否相等？为什么？

第 6 柜：链传动

① 按用途不同，链可分为哪几种？陈列柜中列举了哪些类型的传动链？

② 链轮的结构有哪几种？如何选择？

③ 简述链传动应如何合理布置。链传动张紧的目的和方法是什么？

第 7 柜：齿轮传动

① 齿轮的失效形式有哪些？其产生的原因及设计准则是什么？

② 分别画出直齿、斜齿、锥齿、蜗杆传动的受力分析图，写出各分力的计算公式。

③ 齿轮的结构形式有哪些？如何选用？

第 8 柜：蜗杆传动

① 蜗轮、蜗杆的结构形式有哪些？如何选用？

② 蜗杆传动有哪些类型？哪种蜗杆传动的啮合关系在哪个平面相当于直齿齿条和齿轮的啮合关系？

③ 蜗杆传动的主要失效形式有哪几种？

第 9 柜：滑动轴承

① 陈列柜中列举了哪些类型的滑动轴承？

② 什么是动压滑动轴承？什么是静压滑动轴承？

③ 简述轴瓦的作用及结构。

第 10 柜：滚动轴承

① 滚动轴承的各组成元件的作用是什么？

② 画出常见的 10000、30000、N0000、51000、60000、60000、70000 几类轴承的结构示意图，并说明其特点。

③ 滚动轴承的失效形式有几种？其形成的原因是什么？

④ 有保持架和无保持架的滚动轴承主要区别在哪里？

⑤ 目前减速器中使用滚动轴承多还是滑动轴承多？为什么？

第 11 柜：滚动轴承装置设计

① 观看陈列柜中 10 种滚动轴承组合实例，分别画出直齿圆柱齿轮轴、蜗杆轴、圆锥齿轮轴的轴承组合实例简图。

② 观看陈列柜中 10 种滚动轴承组合实例，指出有哪几种密封形式。

③ 轴承内、外圈常用的轴向固定方法有哪些？

第 12 柜：联轴器

试述陈列柜中各种形式联轴器的主要优缺点。

第 13 柜：离合器

试比较所陈列各种离合器的特点以及适用场合。

第 14 柜：轴的分析与设计

① 轴按承载情况分为哪几种？常见失效形式有哪些？

② 轴的作用是什么？轴的结构设计任务是什么？轴的结构应满足哪些要求？

③ 为了减少轴上的应力集中，在轴的结构方面可采取哪些措施？

④ 轴上零件的定位和固定常采用哪些方法？

第 15 柜：弹簧

弹簧的主要类型和功用是什么？

第 16 柜：减速器

① 试比较所陈列的各种减速器类型与结构以及适用场合。

② 减速器的附件有哪些？有何功用？

第 17 柜：润滑与密封

① 润滑剂的作用是什么？常用的润滑装置有哪些？各应用在什么场合？

② 机械密封装置有哪几种？它们各应用在什么场合？

第 18 柜：小型机械结构设计实例

指出柜中各小型机械中有哪些通用零件。

实验名称：螺栓连接实验

实验编号：0507	相关课程：机械设计、机械设计基础
实验类别：验证性	适用专业：机械类各专业
实验性质：必开	

一、实验目的

① 了解螺栓连接在拧紧过程中各部分的受力情况。

② 验证受轴向工作载荷时，预紧螺栓连接的变形规律，及对螺栓总拉力的影响。

③ 通过螺栓的动载实验，改变螺栓连接的相对刚度，观察螺栓变应力幅值的变化，以验证提高螺栓连接强度的各项措施。

二、实验设备及用具

① LZS 螺栓连接综合实验台。

② CQYDJ-4 静动态测量仪。

③ 计算机及专用软件等。

④ 专用扭力扳手（0～200N·m）。

⑤ 量程为 0～1mm 的千分表。

三、实验项目

① 基本螺栓连接静、动态实验（空心螺栓＋刚性垫片＋无锥塞）。

② 改变螺栓刚度的静、动态实验（空心螺栓、实心螺栓）。

③ 改变垫片刚度的静、动实验（刚性垫片、弹性垫片）。

④ 改变被连接件刚度的静、动态实验（有锥塞、无锥塞）。

四、实验原理

螺纹连接在装配时都必须拧紧，起到预紧作用，以防工作时连接出现缝隙和滑动，增强连接的可靠性，提高连接的紧密性，且可防止松脱。连接件在承受工作载荷之前就预加上的作用力称为预紧力。预紧力过小，连接不可靠；预紧力过大，会导致连接件过载甚至被拉断。在螺栓连接中，当连接副受轴向载荷后，螺栓受拉力，产生拉伸变形，被连接件受压力，产生压缩变形，螺栓（连接件）和被连接件预紧力相等。承受工作载荷 F 时，螺栓所受拉力由 F_0 增至 F_2，继续伸长量为 $\Delta\lambda$，总伸长量为 $\lambda_1+\Delta\lambda$。被连接件则因螺栓伸长而被放松，根据连接的变形协调条件，其压缩变形的减小量应等于螺栓拉伸变形的增加量 $\Delta\lambda$，总压缩量为 $\lambda_2-\Delta\lambda$。此时被连接件的压缩力由 F_0 减至 F_1，F_1 称为残余预紧力。螺栓和被连接件的变形均应发生在弹性范围内。上述受力与变形关系如图 5-26 所示。

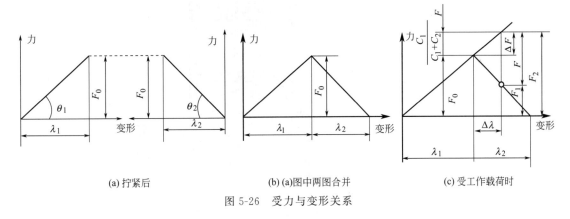

(a) 拧紧后　　　　　　(b) (a)图中两图合并　　　　　　(c) 受工作载荷时

图 5-26　受力与变形关系

螺栓总拉力 F_2 并不等于预紧力 F_0 与工作拉力 F 之和，而等于残余预紧力 F_1 与工作拉力 F 之和，即 $F_2=F_1+F$ 或 $F_2=F_0+\Delta F$。根据刚度定义，$C_1=F_0/\lambda_1$，$C_2=F_0/\lambda_2$，可得 $\Delta F=C_1F/(C_1+C_2)$，则螺栓总拉力为 $F=F_0+C_1F/(C_1+C_2)$。式中，$C_1/(C_1+C_2)$ 为螺栓的相对刚度系数，此时螺栓预紧力为 $F_0=F_1+C_2F/(C_1+C_2)$。

五、实验台与测量仪的参数及工作原理

1. LZS 螺栓连接综合实验台

（1）主要技术参数

① 螺栓材料：40Cr，弹性模量 $E=2.06\times10^5\mathrm{N/mm^2}$，螺杆外径 $D_1=16\mathrm{mm}$，内径

$D_2 = 8mm$，变形计算长度 $L = 160mm$。

② 八角环材料：40Cr，弹性模量 $E = 2.06 \times 10^5 N/mm^2$，长度 $L = 105mm$。

③ 挺杆材料：40Cr，弹性模量 $E = 2.06 \times 10^5 N/mm^2$，直径 $D = 14mm$，变形计算长度 $L = 88mm$。

（2）结构与工作原理

LZS 螺栓连接综合实验台的结构如图 5-27 所示，该设备主要由以下几部分组成。

① 连接部分包括 M16 空心螺杆、大螺母、组合垫片和 M8 小螺杆组成。空心螺栓贴有测拉力和扭矩的两组应变片，分别测量螺栓在拧紧时所受预紧拉力和扭矩。空心螺栓的内孔中装有 M8 螺栓，拧紧或松开其上的手柄杆，即可改变空心螺栓的实际受载截面积，以达到改变连接件刚度的目的。组合垫片设计成刚性和弹性两种垫片结构，用以改变被连接件系统的刚度。

② 被连接件部分由上板、下板、八角环和锥塞等组成，八角环上贴有应变片，测量被连接件受力的大小，中部有锥形孔，插入或拨出锥塞即可改变八角环的受力，以改变被连接件系统的刚度。

③ 加载部分由蜗杆、蜗轮、挺杆和弹簧组成，挺杆上贴有应变片，用以测量所加工作载荷的大小，蜗杆一端与电机相连，另一端装有手轮，启动电机或转动手轮使挺杆上升或下降，以达到加载、卸载（改变工作载荷）的目的。

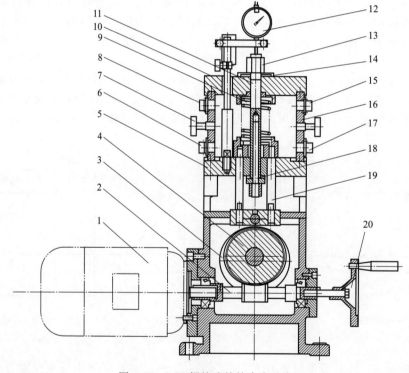

图 5-27　LZS 螺栓连接综合实验台

1—电机；2—蜗杆；3—凸轮；4—蜗轮；5—下板；6—扭力插座；7—锥塞；8—拉力插座；9—弹簧；10—上板；
11—空心螺杆；12—千分表；13—大螺母；14—刚性垫片（弹性垫片）；15—八角环压力插座；16—八角环；
17—挺杆压力插座；18—M8 螺杆；19—挺杆；20—手轮

2. CQYDJ-4 静动态测量仪

（1）主要技术参数

① 测量范围：$0 \sim 30000 \mu\varepsilon$（微应变），误差 $\pm 0.2\%$。

② 灵敏系数可调范围：2.00～2.55。

③ 零点不平衡：$\pm 10000\mu\varepsilon$。

④ 自动扫描速度：1 点/1s。

⑤ 零点漂移：$\pm 2\mu\varepsilon/24\text{h}$；$\pm 0.5\mu\varepsilon/℃$。

⑥ 测量方式：1/4 桥、半桥、全桥。

⑦ 供桥电压：25V DC。

（2）工作原理及各测点应变片的组桥方式

CQYDJ-4 静动态测量仪是利用金属材料的特性，将非电量的变化转换成电量变化的测量仪。应变测量的转换元件——应变片是用金属箔片印制腐蚀而成，用粘接剂将应变片牢固地粘贴在被测件上。当被测件受外力作用长度发生变化时，粘贴在被测件上的应变片也相应变化，应变片的电阻值随着发生了 ΔR 的变化，这样就把机械量转换成电量（电阻值）的变化。用灵敏的电阻测量仪——电桥测出电阻值的变化 $\Delta R/R$，就可换算出相应的应变 ε，并可直接在测量仪的屏幕上读出应变值。通过 A/D 板该仪器可向计算机发送被测点应变值，供计算机处理。

螺栓连接综合实验台各测点均采用箔式电阻应变片，其阻值为 120Ω，灵敏系数为 2.20，各测点均为两个应变片，按测量要求粘贴组成半桥（参见附录四）。

六、实验方法及步骤

1. 预调与连接

① 螺栓连接综合实验台：取出八角环上两锥塞，松开空心螺杆上的 M8 小螺杆，装上刚性垫片，转动手轮，使挺杆降下，处于卸载位置。

② 将两千分表分别安装在表架上，使表头分别与上板面（靠外侧）和螺栓顶面少许接触，用以测量连接件（螺栓）与被连接件的变形量。

③ 用配套的 4 根输出线的插头将各点插座接好。各测点的布置为：电机侧八角环的上方为螺栓拉力，下方为螺栓扭力；手轮侧八角环的上方为八角环压力，下方为挺杆压力。然后将各测点输出线分别接于测量仪背面 CH1、CH2、CH3、CH4 各通道的 A、B、C 接线端子上，注意黄色线接 B 端子（中点）。

④ 用配套的串口数据线接仪器背面的 9 针插座，另一头连接计算机上的 RS232 串口。启动计算机，按软件使用说明书要求的步骤操作进入实验台静态螺栓实验界面后，进入软件封面，选择静态螺栓实验，进入静态螺栓实验主界面，单击"串口测试"菜单，用以检测通信是否正常。

⑤ 手拧大螺母至恰好与垫片接触（预紧初始值），螺栓不应有松动的感觉，分别将两千分表调零。

2. 实验过程

以基本螺栓连接静、动态实验（空心螺栓＋刚性垫片＋无锥塞）为例说明实验方法和步骤。

（1）基本螺栓连接的静态实验

① 进入静态螺栓实验主界面，单击"校零"键后，将"应变测量值"框中数据清零。

② 用扭力扳手预紧测试螺栓，当扳手力矩为 30～40N·m 时，取下扳手，完成螺栓预紧。

③ 进入静态螺栓界面，将给定的标定系数由键盘输入到相应的"参数给定"框中。将千分表测量的螺栓拉变形和八角环压变形值输入到相应的"千分表值输入"框中。单击"预紧"键，对预紧的数据进行采集和处理；单击"标定"键进行参数标定，自动修正标定系数。

④ 用手将实验台上手轮逆时针（面向手轮）旋转，使挺杆上升至一定高度，压缩弹簧对空心螺杆轴向加载，加载高度值可通过塞入 $\phi 15mm$ 的测量棒来确定，然后将千分表测到的变形值再次输入到相应的"千分表值输入"框中。

⑤ 单击"加载"键进行轴向加载的数据采集和处理，同时生成理论曲线和实际测量曲线。

⑥ 加载正确，单击"标定"键进行参数标定，标定系数被自动修正。

⑦ 完成上述操作后，静态螺栓连接实验结束，单击"返回"键，可返回主界面。

（2）基本螺栓连接的动态实验

① 螺栓连接的静态实验结束后返回主界面，单击"动态螺栓"键进入动态螺栓实验界面。

② 重复静态实验方法与步骤中的②、③步。

③ 取下实验台右侧手轮，开启实验台电机开关，单击"动态测试"键，使电机运转 30s 左右后，进行动态加载工况的数据采集和处理，同时生成理论曲线和实际测量曲线。

④ 分析理论曲线和实际测量曲线。

⑤ 完成上述操作后，动态螺栓连接实验结束。

七、实验项目的调整

利用螺栓连接综合实验台进行实验时，每个实验项目都需对实验台进行调整和相应标定系数的输入。

1. 基本螺栓连接静、动态实验（空心螺栓＋刚性垫片＋无锥塞）

取出螺栓连接综合实验台八角环上两锥塞，松开空心螺杆上的 M8 螺杆，装上刚性垫片。

2. 增加螺栓刚度的连接静、动态实验（实心螺栓）

取出螺栓连接综合实验台八角环上两锥塞，拧紧空心螺杆上的 M8 螺杆，调至实心位置。

3. 改变垫片刚度的静、动实验（弹性垫片）

取出螺栓连接综合实验台八角环上两锥塞，松开空心螺杆上的 M8 螺杆，装上弹性垫片。

4. 改变被连接件刚度的静、动态实验（有锥塞）

在螺栓连接综合实验台八角环处插上两锥塞，松开空心螺杆上的 M8 螺杆。

八、注意事项

① 电机的接线必须正确，电机的旋转方向为逆时针（面向手轮）。

② 进行动态实验，开启电机电源开关时必须注意把手轮卸下来，避免电机转动时发生安全事故，并可减少实验台振动和噪声。

九、思考题

① 提高螺纹连接强度的措施有哪些？

② 空心螺杆与实心螺杆对螺栓连接分别有何影响？

③ 八角环加锥塞与不加锥塞对螺栓连接分别有何影响？

十、实验报告要求

① 填写基本螺栓连接静态（空心螺栓＋刚性垫片＋无锥塞）实验数据。

② 绘制基本螺栓连接静态（空心螺栓＋刚性垫片＋无锥塞）实际螺栓连接的受力与变形关系曲线及理论螺栓连接的受力与变形关系曲线。

③ 对比理论与实际曲线，对四个试验项目进行实验分析，并写出结论。

④ 完成上述思考题。

预紧螺栓时应变、变形、应力、力之间的计算关系

变形 δ	应力 σ	预紧力 F_0
$\delta = \varepsilon L$	$\sigma = \varepsilon E$	$F_0 = A\sigma$

预紧螺栓时的实测值

被测零件	应变($\mu\varepsilon$)	变形/mm	应力/(N/mm²)	力/N
螺栓(拉)				
螺栓(扭)				
八角环				
挺杆				

加轴向工作载荷 F 时的实测值

工作载荷 F	被测零件	应变($\mu\varepsilon$)	变形/mm	应力/(N/mm²)	螺栓总拉力/N	残余预紧力/N	工作载荷＋残余预紧力
第一次加载 $F=$	螺栓(拉)						
	螺栓(扭)						
	八角环						
第二次加载 $F=$	螺栓(拉)						
	螺栓(扭)						
	八角环						
第三次加载 $F=$	螺栓(拉)						
	螺栓(扭)						
	八角环						

第六章 应力分析实验

实验名称：应变片的粘贴技术

实验编号：0601	相关课程：实验应力分析
实验类别：验证性	适用专业：机械工程
实验性质：必开	

一、实验目的
① 熟悉常温下应变片的粘贴工艺及操作的全过程。
② 了解贴片过程中的常见问题及解决办法。
③ 掌握贴片质量的基本检查方法。

二、实验装置及器材
① 等强度梁片每两人 1 个，$E=210\text{GPa}$，$\mu=0.28$。
② 低压高阻表、电桥、游标卡尺、钢板尺。
③ 应变片每人 1 个，每组 2 人。
④ 专用粘接剂。
⑤ 砂布、镊子、棉花、清洗剂、透明胶带、导线、接线端子、烙铁等其他物品和工具。

三、实验步骤
① 查：目测应变片应无机械操作损伤或锈蚀；用电桥测量应变片阻值，每组中应变片阻值之差应小于 0.5Ω。

② 定：确定测点位置。应考虑到以后实验的需要，每组的应变片贴片要求，由指导教师提供具体位置（图 6-1）。清理表面时，先用砂布沿与贴片方向成 45°角交叉打磨，表面粗糙度 Ra 达 $3.2\sim6.4\mu\text{m}$，再用棉花蘸清洗剂擦拭至无污物为止。清洗后的表面不得用手触摸。

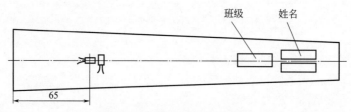

图 6-1　贴片及标注位置示意

③ 贴：按要求的贴片位置，用专用划针轻轻地画出定位线，用清洗剂再擦拭一次，用透明胶带将选好的应变片定位（注意应变片的粘贴面向着构件，不得触摸应变片的粘贴面），然后揭起透明胶带的一端，在构件和应变片粘贴面上均匀地涂抹专用粘接剂，平缓地将揭起的透明胶带恢复原位，迅速检查应变片的对称标记是否与所画的定位线重合，确认无误后，用食指或拇指从一端向另一端反复按压，压力为 $1\sim2\text{kgf}$（$10\sim20\text{N}$）为宜。压力小了胶层

太厚，影响应变传递；压力大了粘接剂太少，粘不牢。至规定的固化时间后，揭去透明胶带。

④ 测：用目测粘贴面应呈橙色，各处色泽均匀、无气泡；在引出线与构件之间用绝缘胶布或其他绝缘物隔开，用低压高阻表检查应变片与构件间的绝缘电阻不小于 $50\text{M}\Omega$（精确测量时，不小于 $200\text{M}\Omega$）。

⑤ 固：将接线端子固定在应变片附近的适当位置，分别将应变片的引出线和相应的导线焊接在接线端子上，焊点要小巧光滑、无虚焊。上述工作结束后，用石蜡、凡士林或有机硅胶将应变片、引出线、接线端子及裸露的导线头一起封好。

在规定的位置写上自己的班级和姓名，以便在后续实验中使用。

四、思考题

① 如何借助于应变仪检查贴片质量的优劣？

② 为什么要用石蜡或有机硅胶封应变片等？

③ 为什么要交叉打磨构件表面？

实验名称：桥路连接和应变的测量

实验编号：0602	相关课程：实验应力分析
实验类别：验证性	适用专业：机械工程
实验性质：必开	

一、实验目的

① 掌握静态电阻应变仪的测量原理和使用方法（参见附录五）。

② 掌握测量桥的全桥、半桥接线方法，计算真实应变的测量值（参见附录五）。

③ 通过规定的测量内容，了解电桥的加减特性，熟悉桥臂系数的概念。

二、实验装置及器材

① 已贴好应变片的构件 16 套。

② 静态应变测量系统 16 套。

③ 等强度梁支架及 $0.5\text{kg} \times 3$ 砝码 16 套。

三、实验步骤

① 用专门提供的补偿片让学生测量出每一个应变片在额定载荷下的应变。注意，这里要求用一个工作片接在 AB 上，用一个补偿片接在 BC 上，组成测量桥路。

② 全部用工作片分别接成半桥（图 6-2，其中 R_{CD} 和 R_{DA} 分别为由应变仪内部提供的两个固定电阻，其阻值不会随构件上的载荷变化而变化。使用时，注意参考仪器说明书，正确接线才能达到接成半桥的目的）和全桥（图 6-3），测量出额定载荷下对应的应变，与①的测量结果比较，得出相应的桥臂系数。

③ 学生自己任意接成桥路，完成测量并从中了解电桥的加减特性。

④ 为了提高测量精度，减小测量误差，由学生自行设计加载方案，经指导教师审查后方可进行测量。

⑤ 指定实验测量的内容，分别是：完成步骤①的内容，每个工作应变片都要测；完成半桥相邻桥臂相减；完成全桥相邻桥臂相减和相对桥臂相加；用半桥每个桥臂上并联两个电阻应变片和每个桥臂上串联两个应变片来完成测量，并通过实验得到桥臂系数。

四、思考题

① 实验中，你共用过三种桥路测量，试简述它们的区别。

② 如果在每个桥臂上均将两个应变片并联或串联，则其桥臂系数如何计算？

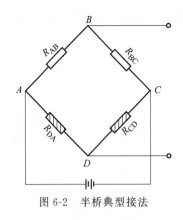 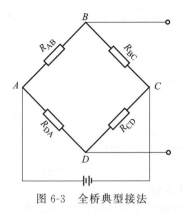

图 6-2　半桥典型接法　　　　　　　图 6-3　全桥典型接法

③ 要完成桥臂系数为零，你如何实现，请画出桥路连接图。

五、实验报告要求

① 按照实验测量内容的要求，画出所有相关测量桥路的示意图，在图的下方标注桥臂系数。

② 按照要求填写实验的原始数据并处理。

③ 完成上述思考题。

实验名称：应变片灵敏系数的测量

实验编号：0603	相关课程：实验应力分析
实验类别：验证性	适用专业：机械工程
实验性质：选开	

一、实验目的

① 熟练掌握利用电桥的加减特性，完成测量任务。

② 了解电阻应变片灵敏系数的意义和测量方法。

二、实验装置及仪器

① 已贴好应变片的构件 16 套。

② 静态应变测量系统 16 套。

③ 杠杆式引伸仪 16 个。

④ 等强度梁支架及 $0.5\text{kg} \times 3$ 砝码 16 套。

三、实验原理

$$\Delta R / R = K_{真} \varepsilon_{真} = K_{设} \varepsilon_{设}$$

$$K_{真} = K_{设} \varepsilon_{设} / (\Delta l / l)$$

式中，$K_{真}$ 为欲测量的应变片的真实灵敏系数；$K_{设}$ 为任意设定的应变片的灵敏系数；$\varepsilon_{真}$ 为真实应变；$\varepsilon_{设}$ 为对应于 $K_{设}$，应变测量系统在一定载荷下的测量结果（注意考虑到桥臂系数的影响）；$\Delta R / R$ 为电阻应变片对应于应变 $\varepsilon_{真}$ 所产生的电阻变化率；Δl 为杠杆式引伸仪与 $\varepsilon_{设}$ 对应载荷下测得的平行于应变片轴向 l 长度内的变形量；l 为杠杆式引伸仪的标距长度。$\varepsilon_{真} = \Delta l / l$（与应变片无关）。

四、实验步骤

① 每组领取规定的桥臂系数两个，注意看清测量要求，其中一个应为四片接成的半桥。

② 首先分析各应变片所感受到的应变组成，根据测量要求和电桥的加减特性，画出桥

路组成的示意图，经指导教师检查无误后，准备测量。

③ 为计算方便，不妨设 $K_设 = 2.00$，即按照使用说明，将静态应变测量系统调整至 $K_设 = 2.00$ 的状态。

④ 安装好杠杆引伸仪，并按正确方法调零。

⑤ 按每次增加 0.5kg 的砝码（载荷），分三次加至 1.5kg，然后再卸载，反复若干次。记录每一载荷下对应的杠杆引伸仪和静态应变测量系统的测量结果。

⑥ 数据处理和分析。

五、思考题

① 你所采用的测量电桥，是否可以自动消除非垂直载荷引起的误差？

② 为什么要采用等强度梁？

③ 试分析实验误差的来源。

六、实验报告要求

① 画出所有测量电桥的示意图，并注明桥臂系数。

② 按照要求填写实验的原始数据并处理。

③ 完成上述思考题。

实验名称：薄壁圆筒主应力的测量

实验编号：0604	相关课程：实验应力分析
实验类别：验证性	适用专业：机械工程
实验性质：必开	

一、实验目的

① 掌握平面应力状态下的基本测量方法，用半桥测量出主应力的大小及方向。

② 利用电桥的加减特性，用部分应变片组成全桥分别进行消弯测扭和消扭测弯。

二、实验装置及器材

① 已贴好应变片（含补偿片）的弯扭组合装置 16 套。

② 静态应变测量系统 16 套。

③ 0.5kg×3 砝码 16 套。

三、实验原理

① 图 6-4 所示为贴好电阻应变片的弯扭组合梁，利用应变花测量任意一点的主应力大小和方向，常用的有直角应变花和等角应变花，本次实验装置中采用的为直角应变花。

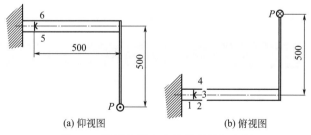

(a) 仰视图 (b) 俯视图

图 6-4 贴好电阻应变片的弯扭组合梁

计算公式为

$$\varepsilon_{1,3} = \frac{\varepsilon_{0°} + \varepsilon_{90°}}{2} \pm \frac{1}{2}\sqrt{(\varepsilon_{0°} - \varepsilon_{90°})^2 + (2\varepsilon_{45°} - \varepsilon_{0°} - \varepsilon_{90°})^2}$$

$$\sigma_{1,3} = \frac{E}{2}\left[\frac{\varepsilon_{0°}+\varepsilon_{90°}}{1-\mu} \pm \frac{1}{1+\mu}\sqrt{(\varepsilon_{0°}-\varepsilon_{90°})^2 + (2\varepsilon_{45°}-\varepsilon_{0°}-\varepsilon_{90°})^2}\right]$$

$$\tan 2\alpha_0 = \frac{2\varepsilon_{45°}-\varepsilon_{0°}-\varepsilon_{90°}}{\varepsilon_{0°}-\varepsilon_{90°}}$$

式中，$\varepsilon_{0°}$、$\varepsilon_{45°}$、$\varepsilon_{90°}$分别为0°、45°、90°三个方向上的应变。一定要注意的是，0°、45°、90°应依逆时针方向确定。

② 由材料力学可知（图6-5），主应力的理论计算公式为

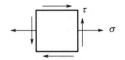

图6-5 正应力与剪应力

$$\left.\begin{array}{c}\sigma_1\\\sigma_3\end{array}\right\} = \frac{\sigma}{2} \pm \sqrt{\left(\frac{\sigma}{2}\right)^2 + \tau^2}$$

$$\tan 2\alpha_0 = -\frac{2\tau}{\sigma}$$

③ 利用电桥的加减特性，用编号为2、4、5、6的四个电阻应变片（只能用这四个应变片，并且需全部用上）完成消弯测扭和消扭测弯。

四、实验步骤

① 按照给定的应变片灵敏系数，调整静态应变测量系统。

② 分析每一个应变片上所感受到的真实变形，将每一个应变片所含应变（由弯矩或扭矩引起）一一列出。

③ 根据测量要求，画出测量用桥路组成的示意图，经指导教师检查无误后准备测量。

④ 按每次增加0.5kg的砝码（载荷），分三次加至1.5kg，然后再卸载，反复若干次。记录每一载荷下静态应变测量系统的测量结果。

⑤ 数据处理和分析。

五、思考题

① 就本次实验而言，应变片的标距大小对测量有何影响？

② 通过你的实验结果，试分析选取哪三个电阻应变片作为直角应变花测量该点的主应力最好。

③ 简单介绍消弯测扭或消扭测弯的方法在工程实际中的应用。

六、实验报告要求

① 写出消除扭转测量出的弯曲正应力，消除弯曲测量出的扭转剪应力，然后用材料力学公式求出测量点主应力。

② 写出用应变花测量出的主应力。

③ 计算出两种方法测量结果的误差，并讨论误差来源。

④ 画出各测量电桥的示意图，并注明测量内容及相应的桥臂系数。

⑤ 完成上述思考题。

实验名称：简支梁的主应力测量

实验编号：0605	相关课程：实验应力分析
实验类别：设计性	适用专业：机械工程
实验性质：选开	

一、实验目的

① 学会对静态测量系统的选择和建立。

② 学生根据给定的纯弯梁，自行确定实验方案，测量纯弯梁上纯弯部分和非纯弯部分

的应力沿 Y 轴分布情况。

③ 掌握对测量结果进行数据处理的一般方法。

二、预习与参考

材料力学中的弯曲部分，实验应力分析中的静态测量部分。

三、设计指标

利用实验室提供的现有资源完成实验目的。

四、实验（设计）要求

由学生根据要求自选设计静态测量系统，经指导教师审核后，完成测量全过程。

五、实验（设计）装置及器材

① 纯弯梁（含加载装置）16 套。

② 应变片及引出导线足量。

③ 静态应变测量系统 16 套。

六、思考题

① 你选择的测量方案存在哪些不足？是否有改进措施？

② 你的测量结果与材料力学中的理论结果一致吗？若不一致，其原因具体是什么？

③ 对实验室提供的实验设备你有何建议？

七、实验报告要求

① 写明数据处理的过程（包括可疑数据的剔除准则名称，参见附录二）。

② 写出简支梁上应力沿 Y 轴分布的数学表达式。

③ 注明指导教师姓名。

④ 完成上述思考题。

本报告要以总结的形式撰写，写明此设计性实验的实验原理、实验方案和实验步骤；对测得数据进行处理，写明测量结果，给出测量结论；分析你所选择的实验方案存在的不足之处；写出你所感受到的与验证性实验的不同之处。

实验名称：温度对测量的影响

实验编号：0606　　　　　　　　　相关课程：实验应力分析

实验类别：综合性　　　　　　　　适用专业：机械工程

实验性质：选开

一、实验目的

① 让学生通过对温度影响的消除，掌握测量过程中常用温度补偿方法。

② 掌握在多次等精度测量下，可疑数据的剔除方法，了解数据处理的一般方法。

二、实验内容

① 实现两种恒温环境，推荐使用 0℃ 及 40℃ 两种。前者由冰水混合物得到，后者由恒温水浴得到。

② 用补偿片法、桥路补偿法及记录热输出法等三种以上的方法，补偿温度对测量的影响。

③ 在两种温度下，不进行补偿，测量出温度的影响。

④ 在进行上述测量时，要求使用多次等精度测量（次数由学生确定，指导教师确认），并用最恰当的可疑数据剔除原则进行数据处理。

三、实验装置及器材

① 静态电阻应变测量系统 16 套。

② 等强度梁 16 套。

③ 制冰装置一套。

④ 1000mL 烧杯 8 只，恒温水浴 8 套，贴好应变片的专用补偿块 8 个。

四、实验要求

① 学生自行确定实验步骤，由指导教师审查合格后进行全过程测量。

② 学生必须在两种以上的温度下测量温度对应变测量的影响大小（不进行温度补偿）。

③ 学生必须用两种以上的补偿方法在上述不同温度下进行应变的测量，以进行比较。

④ 每一种测量状态下由学生根据处理数据的不同方法确定等精度进行的次数。

五、实验步骤及结果测试

由学生自己完成，但必须正确地写出一定载荷下构件上被测量点的真实应变。

六、思考题

① 根据你的测量结果，比较你选择的温度补偿方法的优劣。

② 对本实验中恒温装置提出改进方法。

七、实验报告要求

① 写明数据处理的过程（包括可疑数据的剔除准则名称）。

② 列出两种或两种以上温度影响下被测点的应变值（不采取补偿措施）。

③ 列出两种或两种以上温度影响下被测点的应变值（采取补偿措施）。

④ 完成上述思考题。

本报告要以总结的形式撰写，写明实验步骤；对此综合性实验开设的体会和心得以及所感受到的与验证性实验的不同之处。

实验名称：接触电阻对测量的影响

实验编号：0607		相关课程：实验应力分析	
实验类别：综合性		适用专业：工程机械	
实验性质：必开			

一、实验目的

① 了解应变测量中常用降低接触电阻影响的方法。

② 掌握静态应变测量系统的特点和使用方法。

③ 掌握数据处理与误差分析方法。

二、实验内容

① 选择合理的静态测量系统。

② 测量出当接触电阻变化 0.01Ω 时对测量的影响。

③ 找出最佳的消除接触电阻影响的测量方法，并写出相应电桥的桥臂系数。

三、实验装置及器材

① 静态应变测量系统 16 套。

② 已经贴好电阻应变片的等强度梁 16 套。

③ 精密电阻（0.01Ω）足量。

四、实验要求

① 学生必须确定两种以上的降低接触电阻对测量影响的方案。

② 学生自行确定实验步骤，由指导教师审查合格后进行实验。

③ 每一种测量状态下，等精度测量的次数由学生根据处理数据方法确定。

④ 学生对所选择的方案，根据测量结果进行比较。

五、实验步骤及结果测试

由学生自己完成。

六、思考题

① 小开关的使用方法是怎样的？你觉得存在哪些不足？

② 在你的测量中，加载不垂直有影响吗？请证明。

③ 你选择的降低接触电阻影响的方案存在哪些不足？是否有改进措施？

七、实验报告要求

① 写明数据处理的过程（包括可疑数据的剔除准则名称）。

② 写出两种或两种以上接触电阻对测量影响的降低方法。

③ 写出实验结论。

④ 完成上述思考题。

本报告要以总结的形式撰写，写明实验步骤；对此综合性实验开设的体会和心得以及所感受到的与验证性实验的不同之处。

实验名称：基于电阻应变片的位移传感器设计

实验编号：0608	相关课程：实验应力分析
实验类别：设计性	适用专业：机械工程
实验性质：选开	

一、实验目的

① 进一步掌握对静态测量系统的选择和建立。

② 学生根据给定测量范围和分辨率要求，自行确定实验方案。

③ 了解传感器制作过程，并制作位移传感器。

二、预习与参考

位移传感器知识，应变片式传感器制作基本知识，实验应力分析中的静态测量部分。

三、设计指标

位移测量范围 $0\sim4mm$，分辨率 $0.001mm$。

四、实验（设计）要求

由学生根据要求，自行确定传感器弹性体的结构形式和几何尺寸，自选设计静态测量系统，经指导教师审核后，完成测量全过程。

五、实验（设计）装置及器材

① 学生自己设计的弹性体足量（外协加工）。

② 应变片及引出导线足量。

③ 位移发生装置足量。

④ 静态应变测量系统 16 套。

六、调试及结果测试

传感器制作完成后，将整个量程范围分成若干份进行标定，此方案由学生自行确定，指导教师审核。最终制成符合要求的位移传感器，并注明传感器的精度。

七、思考题

① 你选择的测量方案存在哪些不足？

② 对于位移发生装置，你有何改进建议？

③ 你所设计的位移传感器的特点是什么？适合于哪些场合？

八、实验报告要求

① 写明数据处理的过程（包括可疑数据的剔除准则名称）。

② 传感器标定结果列表。

③ 注明指导教师姓名。

④ 完成上述思考题。

本报告要以总结的形式撰写，写明此设计性实验的实验原理、实验方案和实验步骤；写明你所采用的方案是如何满足测量要求的（设计指标中写明了量程和分辨率）；对测得数据进行处理，写明测量结果，给出测量结论；分析你所选择的实验方案存在的不足之处；写出你所感受到的与验证性实验的不同之处。

实验名称：基于电阻应变片的拉压力传感器设计

实验编号：0609	相关课程：实验应力分析
实验类别：设计性	适用专业：机械工程
实验性质：选开	

一、实验目的

① 进一步掌握对静态测量系统的选择和建立。

② 学生根据给定测量范围和分辨率要求，自行确定实验方案。

③ 制作 10t 压力传感器，了解传感器的调零和归一化处理。

二、预习与参考

压力传感器知识，应变片式传感器制作基本知识，实验应力分析中的静态测量部分。

三、设计指标

压力测量范围 0～10t，分辨率 2kg。

四、实验（设计）要求

由学生根据要求，自行确定传感器弹性体的结构形式和几何尺寸，自选设计静态测量系统，经指导教师审核后，完成测量全过程。

五、实验（设计）装置及器材

① 学生自己设计的弹性体足量（外协加工）。

② 应变片及引出导线足量。

③ 0～10t 压力施加装置足量。

④ 静态应变测量系统 16 套。

六、调试及结果测试

传感器制作完成后，将整个量程范围分成若干份进行标定，并说明如何进行调零和归一化处理，此方案由学生自行确定，指导教师审核。最终制成符合要求的压力传感器，并注明传感器的精度。

七、思考题

① 你选择的测量方案存在哪些不足？

② 你所设计的压力传感器的特点是什么？适合于哪些场合？

③ 对于调零和归一化处理，你分别选择的是并联大电阻还是串联小电阻？

八、实验报告要求

① 写明数据处理的过程（包括可疑数据的剔除准则名称）。

② 传感器标定结果列表。

③ 写明归一化后的灵敏度。

④ 注明指导教师姓名。

⑤ 完成上述思考题。

本报告要以总结的形式撰写，写明此设计性实验的实验原理、实验方案和实验步骤；写明你所采用的方案是如何满足测量要求的（设计指标中写明了量程和分辨率）；对测得数据进行处理，写明测量结果，给出测量结论；分析你所选择的实验方案存在的不足之处；写出你所感受到的与验证性实验的不同之处。

实验名称：基于电阻应变片的加速度传感器设计

实验编号：0610	相关课程：实验应力分析
实验类别：设计性	适用专业：机械工程
实验性质：选开	

一、实验目的

① 进一步掌握对静态测量系统的选择和建立。

② 学生根据给定测量范围和分辨率要求，自行确定实验方案。

③ 制作完 $100m/s^2$ 加速传感器，了解传感器的调零和归一化处理。

二、预习与参考

加速度传感器知识，应变片式传感器制作基本知识，实验应力分析中的静态测量部分。

三、设计指标

加速度测量范围 $0\sim100m/s^2$，分辨率 $0.02m/s^2$。

四、实验（设计）要求

由学生根据要求，自行确定传感器弹性体的结构形式和几何尺寸，自选设计静态测量系统，经指导教师审核后，完成测量全过程。

五、实验（设计）装置及器材

① 学生自己设计的弹性体足量（外协加工）。

② 应变片及引出导线足量。

③ 静态应变测量系统 16 套。

六、调试及结果测试

传感器制作完成后，将整个量程范围分成若干份进行标定，并说明如何进行调零和归一化处理，此方案由学生自行确定，指导教师审核。最终制成符合要求的加速度传感器，并注明传感器的精度。

七、思考题

① 你选择的测量方案存在哪些不足？

② 你所设计的加速度传感器的特点是什么？适合于哪些场合？

③ 对于调零和归一化处理，你分别选择的是并联大电阻还是串联小电阻？

八、实验报告要求

① 写明数据处理的过程（包括可疑数据的剔除准则名称）。

② 传感器标定结果列表。

③ 写明归一化后的灵敏度。

④ 注明指导教师姓名。

⑤ 完成上述思考题。

本报告要以总结的形式撰写，写明此设计性实验的实验原理、实验方案和实验步骤；写明你所采用的方案是如何满足测量要求的（设计指标中写明了量程和分辨率）；对测得数据进行处理，写明测量结果，给出测量结论；分析你所选择的实验方案存在的不足之处；写出你所感受到的与验证性实验的不同之处。

实验名称：低频动态应变的测量

实验编号：0611	相关课程：实验应力分析
实验类别：综合性	适用专业：机械工程
实验性质：必开	

一、实验目的

① 了解动态应变测量中，周期性低频信号的测量系统和测量方法。

② 掌握动态应变测量系统的特点和使用。

③ 了解周期性低频信号处理的一般方法。

二、实验内容

① 学习如何选择和使用低频信号测量系统。

② 学会在测量过程中如何解决抗干扰问题。

③ 掌握低频信号常用的处理方法和应分析的特征参数。

三、实验仪器设备

① 动态电阻应变仪 16 套。

② 动态信号分析系统 16 套。

③ 低频应变发生装置 16 套。

四、实验要求

① 学生通过实验了解低频动态测量系统与静态测量系统的区别。

② 学生自行确定实验步骤，由指导教师审查合格后进行全过程测量。

③ 通过测量，确定低频应变发生装置的固有频率。

④ 对测量结果进行误差分析，主要是讨论干扰的影响（包括工频电源、环境因素等）。

五、实验步骤及结果测试

由学生自己完成。

六、思考题

① 你的测量结果中，电源工频干扰对测量的影响有多大？

② 在你的测量中，应变发生装置的固有频率测量值的误差有多大？

③ 如何使用提供的信号采集与处理软件，自动消除工频干扰？

七、实验报告要求

① 写明数据处理的过程（包括可疑数据的剔除准则名称）。

② 写明选择的测量系统的参数（包括所有可调整的参数）。

③ 完成上述思考题。

本报告要以总结的形式撰写，写明实验步骤；对此综合性实验的开设有何体会和心得，以及所感受到的与验证性实验的不同之处。

实验名称：冲击状态下的应变测量

实验编号：0612	相关课程：实验应力分析
实验类别：综合性	适用专业：机械工程
实验性质：选开	

一、实验目的

① 了解动态应变测量中，高频及非周性期性信号的测量系统和测量方法。

② 进一步掌握动态应变测量系统的特点和使用。

③ 了解高频及非周期性信号处理的一般方法。

二、实验内容

① 比较高频及非周期性信号测量与周期性低频信号测量系统的区别。

② 选择适当的信号处理方法并对所测量信号进行处理。

③ 掌握高频及非周期性信号常用的处理方法和应分析的特征参数。

④ 解决测量过程中的抗干扰问题。

三、实验仪器设备

① 动态电阻应变仪 16 套。

② 动态信号分析系统 16 套。

③ 冲击应变发生装置 16 套。

四、实验要求

① 学生通过实验了解高频及非周期性信号测量与周期性低频信号测量系统的区别。

② 学生自行确定实验步骤，由指导教师审查合格后进行全过程测量。

③ 掌握频谱分析与波谱分析的基本方法和理论。

④ 对测量结果进行统计分析（只要得出概率函数）。

五、实验步骤及结果测试

由学生自己完成。

六、思考题

① 功率谱与功率谱密度分别代表了信号的什么特征？

② 测量结果中，自相关函数和互相关函数有何区别？

七、实验报告要求

① 写明数据处理的过程（包括可疑数据的剔除准则名称）。

② 给出测量结果（图或表的形式）。

③ 完成上述思考题。

本报告要以总结的形式撰写，写明实验步骤；对此综合性实验的开设有何体会和心得，以及所感受到的与验证性实验的不同之处。

实验名称：工程实例解决过程

实验编号：0613　　　　　　　　　相关课程：实验应力分析
实验类别：设计性　　　　　　　　　适用专业：机械工程
实验性质：选开

一、实验目的

① 了解工程实际问题的解决过程及分析问题、解决问题的一般步骤和方法。
② 对学生动手能力进一步加以锻炼。

二、预习与参考

非电量电测技术，电工学，电子学，传感器知识，应变片式传感器制作基本知识，实验应力分析中的静态和动态测量。

三、设计指标

每届出十个工程实例，每一实例均不同。指导教师在对全体学生设计的方案进行论证后，每一实例选出最具代表性的方案，然后予以实施。

四、实验（设计）要求

由学生根据要求，运用所学的实验应力分析及其他相关课程的知识，根据给定的工程测量要求，完成实验方案的确定；根据确定的实验方案，确定具体的实施细则；自行确定测量系统，使系统最优；整体方案确定后，由指导教师审核，方可实施实验的后续内容。

五、调试及结果测试

测量方案确定后，应将方案实施细则（测量方案、测量原理、测量步骤、测量系统、测量精度等）形成书面材料，若是传感器（或长期测量用）要求进行调零、归一化处理，方案中必须说明具体的处理方法。

六、思考题

① 你通过本次实验，对解决工程实际问题的过程有什么体会？
② 你所选择的测量方案与实施的典型方案相比，存在哪些不足？
③ 你认为实施方案还可以再优化吗？

七、实验报告要求

① 写出自己设计的解决方案，其中应包括问题的简化、应变片的布置、电桥的接法、相应的桥臂系数、测量和标定方案。
② 写明数据处理的过程（包括可疑数据的剔除准则名称）。
③ 注明指导教师姓名。
④ 完成上述思考题。

第七章　机械创新综合设计实验

实验名称：立体仓库实验

实验编号：0701　　　　　　　　　相关课程：机械创新设计综合实验
实验类别：验证性　　　　　　　　适用专业：机械工程
实验性质：选开

一、实验目的

① 了解立体仓库的结构组成、运动原理、控制原理及工作过程。
② 掌握 PLC 编程软件的应用方法。
③ 掌握 PLC 的接线方法。

二、主要仪器设备

立体仓库工业模型、计算机、PLC、直流电源、数据线、三菱 PLC 编程软件。

三、设备介绍

立体仓库是物流系统的集散地，可以提高劳动生产率，降低劳动强度，节约库存占地面积，提高空间利用率。特别是近年来，随着地价的节节攀升，为了减少货物的存放成本，这就要求尽量使用较少的存放占地面积，目前立体仓库在物流行业、轻工业、重工业等领域得到了大量的应用。

立体仓库模型是一个 5 层×10 列的高层货架，如图 7-1 所示，由货架、进货平台、出货平台、货物运输车和 PLC 控制器等部件组成的。货架的底部装有 10 个限位开关，对应于 10 列货物存放位置。货物运输车由吊笼、托盘和立柱组成，电机通过同步齿形带带动货物运输车沿 X 轴方向和 Z 轴方向运动，吊笼内有一个可沿 Y 轴方向伸缩的托盘，立柱上对应于货架的存放高度每一层都装有 2 个限位开关。

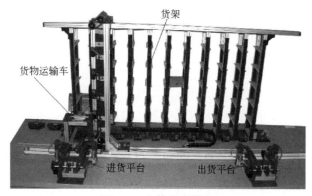

图 7-1　立体仓库模型

立体仓库的动作过程是，当货物放在进货平台时，光电开关发出检测信号，控制货物运输车马上移动过来，由可伸缩的托盘将货物取走，货物运输车沿着 X、Z 方向运动，从而将货物放在设定好的货架格正前方（这个位置由限位开关来确定，采用程序设定），托盘沿 Y 方向前进，将货物放到货架中。当取货物时，发出取货信号，货物运输车准确地停在欲取货物的前方，托盘伸出将货物接住后取回，货物运输车沿着 X、Z 方向运动，将货物放在出货平台上。

四、实验步骤

① 将 PLC 与计算机按正确的方式连接，不得在通电的情况下插拔数据线。

② 接通 PLC 和计算机的电源。

③ 启动 GPPW 软件并设定参数，熟悉 GPPW 软件的各项功能，打开立体仓库的程序并分析程序（严禁私自修改程序）。

④ 将立体仓库的程序下载到 PLC。

⑤ 运行程序，分析立体仓库的动作过程及控制过程。

⑥ 将 PLC 内的程序上传到计算机。

⑦ 分析立体仓库的机械结构。

⑧ 分析 PLC 的外部接线，并确定各输入/输出点的作用。

五、思考题

① 如何改变摆放货物货架的位置？

② 同步带传动的结构组成具有什么特点？

六、实验报告要求

① 画出 PLC 输出端子的外部接线图并说明其用途。

② 画出进货平台的传动原理图。

③ 根据立体仓库的程序，分析进货平台处光电开关的作用。

④ 完成上述思考题。

实验名称：包裹翻转机实验

实验编号：0702	相关课程：机械创新设计综合实验
实验类别：综合性	适用专业：机械工程
实验性质：必开	

一、实验目的

① 了解包裹翻转机的结构组成、运动原理、控制原理及工作过程。

② 了解各种控制元器件的结构和工作原理。

③ 掌握 PLC 编程软件的应用方法。

④ 掌握 PLC 的接线方法。

二、主要仪器设备

包裹翻转机模型、计算机、PLC、直流电源、数据线、PLC 编程软件。

三、设备介绍

包裹翻转机模型如图 7-2 所示，由一个可翻转 90° 的翻转平台、三个电动推杆、上料平台和输送带等组成。包裹的一面贴有可反射光线的反光箔，在工作过程中，包裹会被自动识别、翻转至贴有反光箔的一面向上为止。其动作过程是，当包裹放置在上料平台时，依靠包裹的自重，触发限位开关（按钮开关）产生信号，由上料推杆将其推到翻转平台上，检测包裹的外表面是否为贴反光箔的面在上面。如果是，则直接将其送到输送带上并送到出料处；如果不是，则翻转平台将包裹翻转 90°，通过纵向和横向两个推杆将包裹推到输送带上，同时检查包裹的上表面。如果仍然不是贴反光箔的面朝上，输送带反向运转，将包裹又送到翻转平台上，重复翻转动作，直至获得所要求的面朝上为止。如果包裹在翻转后，贴反射箔的面在上，即通过输送带被送到出料处，出料处的光电开关检测到有物体时，控制输送带停止运转。

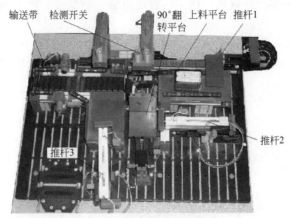

图 7-2　包裹翻转机模型

四、实验要求

根据包裹翻转机的结构特点和工作过程，由学生自己设计动作过程并编写 PLC 程序，要求程序运行应能满足包裹翻转机的工作过程，尽量简洁。

五、实验步骤

① 分析包裹翻转机的机械结构，确定输入/输出设备及用途。

② 根据包裹翻转机的动作要求，确定输入/输出点的数量，选择合适的 PLC。

③ 启动 GPPW 软件并设定参数，编写包裹翻转机程序。

④ 将 PLC 与计算机按正确的方式连接，不得在通电的情况下插拔数据线。

⑤ 经指导教师检查后，将包裹翻转机的程序下载到 PLC。

⑥ 运行程序，并对程序进行改进。

六、思考题

① 包裹翻转机模型使用了几种形式的光电开关？其用途是什么？

② 根据翻转平台的动作要求，设计新的机械结构并画出结构简图。

七、实验报告要求

① 写出输入/输出点的作用。

② 画出包裹翻转机程序的梯形图。

③ 画出翻转平台的结构图。

④ 完成上述思考题。

⑤ 写出实验总结，应包括实验过程、体会和心得。

实验名称：柔性加工生产线实验

实验编号：0703	相关课程：机械创新设计综合实验
实验类别：验证性	适用专业：机械工程
实验性质：选开	

一、实验目的

① 了解柔性加工生产线的结构组成、运动原理、控制原理及工作过程。

② 掌握 PLC 编程软件的应用方法。

③ 掌握 PLC 的接线方法。

二、主要仪器设备

柔性加工生产线模型、计算机、PLC、直流电源、数据线、PLC 编程软件。

三、设备介绍

柔性加工生产线由卧铣、加工中心、立铣、推杆、上料平台、出料平台和三条输送带等组成，如图 7-3 所示。该模型模拟了工件从进料到被输送到各台机床进行加工，直至出料的完整加工过程。

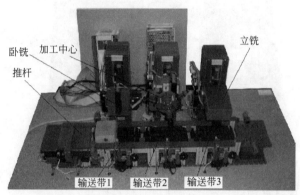

图 7-3　柔性加工生产线模型

上料平台的下面装有限位开关（按钮开关），当工件放入上料平台时，依靠工件的自重触动限位开关，产生信号使推杆运动将工件推到第一条输送带上。在工件通过光电开关时，输送带开始运转并把工件运到第一台机床——卧式铣床处。随后，刀具开始旋转并慢慢沿 Z 轴向工件靠近并加工。在该处加工完成后，刀具停止并回到初始位置，同时工件被送上第二条输送带。输送带将工件送到第二台机床——加工中心处，其上有三种刀具，刀具座可以沿 Z 轴移动并转动 120° 以切换不同的刀具进行加工。加工完成以后，工件被送到第三台机床——立式铣床处加工，加工好的工件被第三条输送带送到出料处等待取走。工件在输送带上的所有位置都是由电感式接近开关来确定的。

四、实验方法及步骤

① 将 PLC 与计算机按正确的方式连接，不得在通电的情况下插拔数据线。

② 接通 PLC 和计算机的电源。

③ 启动 GPPW 软件并设定参数，熟悉 GPPW 软件的各项功能，打开柔性加工生产线的程序并分析程序（严禁私自修改程序）。

④ 将柔性加工生产线的程序下载到 PLC。

⑤ 运行程序，分析柔性加工生产线的动作过程及控制过程。

⑥ 将 PLC 内的程序上传到计算机。

⑦ 分析柔性加工生产线的机械结构。

⑧ 分析 PLC 的外部接线，并确定各输入/输出点的作用。

五、思考题

① 为了适应不同的加工件，哪些参数可以在程序中修改？

② 推杆在模型上采用何种机构？还可以采用何种机构替代？画出简图。

六、实验报告要求

① 画出 PLC 输出端子的外部接线图并说明其用途。

② 说明柔性加工生产线模型采用了哪些机构。

③ 根据柔性加工生产线的程序和动作，分析生产线上各接近开关的用途。

④ 完成上述思考题。

实验名称：3D 机械手实验

实验编号：0704	相关课程：机械创新设计综合实验
实验类别：综合性	适用专业：机械工程
实验性质：选开	

一、实验目的

① 了解 3D 机械手的结构组成、运动原理、控制原理及工作过程。

② 了解各种控制元器件的结构和工作原理。

③ 掌握 PLC 编程软件的应用方法。

④ 掌握 PLC 的接线方法。

二、主要仪器设备

3D 机械手模型、计算机、PLC、直流电源、数据线、PLC 编程软件。

三、设备介绍

3D 机械手模型如图 7-4 所示，可实现工件的搬运，主要由立柱、横梁和手爪等组成。立柱能够实现左右旋转，横梁能够沿垂直方向和水平方向运动，手爪抓取物体。3D 机械手的动作过程是，首先寻找机械原点，然后由手爪在桌面抓取一个物体，抬高 50mm，前伸 60mm 并旋转 90°后，将物体放在桌面上，重复执行上述动作。

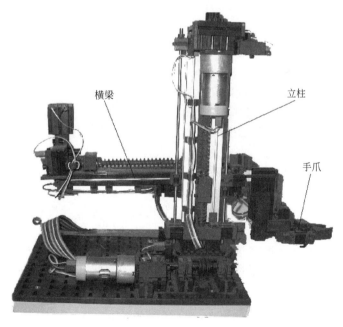

图 7-4　3D 机械手模型

四、实验要求

根据 3D 机械手的结构特点和工作过程，由学生自己设计动作过程并编写 PLC 程序，要求程序运行能满足 3D 机械手的工作过程，尽量简洁。

五、实验步骤

① 对 3D 机械手模型进行测绘，并绘制装配图。

② 分析 3D 机械手的机械结构，确定输入/输出设备及用途。

③ 根据 3D 机械手的动作要求，确定输入/输出点的数量，选择合适的 PLC。

④ 启动 GPPW 软件并设定参数，编写 3D 机械手程序并认真检查程序。

⑤ 将 PLC 与计算机按正确的方式连接，不得在通电的情况下插拔数据线。

⑥ 经指导教师检查后，将 3D 机械手的程序下载到 PLC。

⑦ 运行程序，并对程序进行改进。

六、思考题

① 在每转计数器脉冲数量不变的情况下，怎样提高控制精度？

② 当程序运行时，为什么要寻找机械原点？

七、实验报告要求

① 写出输入/输出点的作用。

② 画出 3D 机械手程序的梯形图。

③ 绘制 3D 机械手模型装配图。

④ 完成上述思考题。

⑤ 写出实验总结，应包括实验过程、体会和心得。

实验名称：翻转机械手实验

实验编号：0705	相关课程：机械创新设计综合实验
实验类别：综合性	适用专业：机械工程
实验性质：必开	

一、实验目的

① 熟悉慧鱼模型零件及安装方法，掌握各种机械零部件的结构及工作过程。

② 了解各种控制元器件的结构和工作原理。

③ 掌握 LLWIN 软件的编程和应用方法。

④ 培养创新设计能力和实际动手能力。

二、主要仪器设备

工业机器人模型组合包、智能接口板、直流电源、LLWIN 软件、计算机。

三、设备介绍

慧鱼（Fischer Technik）组合模型采用积木式结构，能够较准确地组装成各种工业设备模型，这些模型都可以由学生实际动手组装，有助于提高学生的学习热情和兴趣，拓宽创新思路。通过慧鱼组合模型进行设计、组装、调试，可以在实验过程中了解工业设备的结构组成、工作原理和控制过程，并可根据动作要求，完成控制程序的设计、编程和调试。

1. 工业机器人（Industry Robots）模型组合包

工业机器人模型组合包由各种连杆、直齿轮、锥齿轮、齿轮轴、蜗轮和蜗杆、凸轮、丝杠和螺母、万向节、齿轮箱、铰链、按钮开关、电机等组成（图 7-5）。该模型组合包采用积木式插装结构，连接简单方便，尺寸精确。采用这些构件进行组合和设计，可以得到各种不同的机械结构，并可结合电气控制元件组装成各种自动化装置。

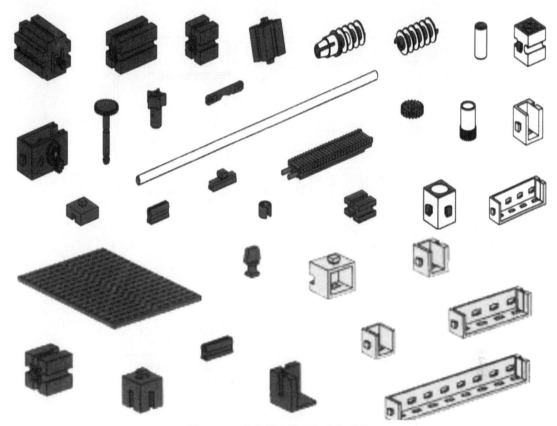

图 7-5 工业机器人模型组合包零件

2. 智能接口板

智能接口板自带微处理器，通过串口与计算机之间进行有效的通信，传输来自软件的指令，处理来自各种传感器的信号，其外形及工作原理如图 7-6 所示。

智能接口板具有以下主要功能。

① 自带 8 位微处理器。微处理器是智能接口板的核心，它是 RAM 和 ROM 中存储的命令的载体。智能接口板有两种操作模式：主动模式和被动模式。主动模式是指程序由智能接口板上的微处理器 CPU 运行，程序可以被下载到接口板的 RAM 中，直到接口板掉电程序才消失。被动模式是指由 PC 直接控制智能接口板，由于接口板的 CPU 的计算能力比 PC 小得多，因此对于较大的程序来说尽量选择被动模式。

② 四路输出（M1～M4），可接电机、电磁铁和灯。

③ 八路数字量信号输入（E1～E8），可接开关、光电开关、磁性开关等。

④ 两路模拟量信号输入（E_X，E_Y），输入端的阻值为 0～5kΩ，连接的电阻负载变换成数字量为 0～1024，扫描率是 20ms，精度约为 0.2%，可接热敏电阻、热电偶、电阻等传感器。

⑤ 采用 RS232 串口与计算机连接。

⑥ 电源为 9V/1000mA，需要专用的电源。

四、实验要求

翻转机械手模型如图 7-7 所示，它是利用慧鱼组合模型所提供的零件搭建而成的，主要由机械手爪、翻转装置、放料平台和智能接口板等组成。翻转机械手的动作过程是，通电后

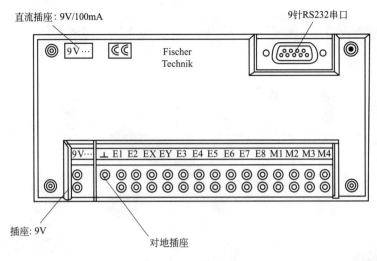

(a) 外形

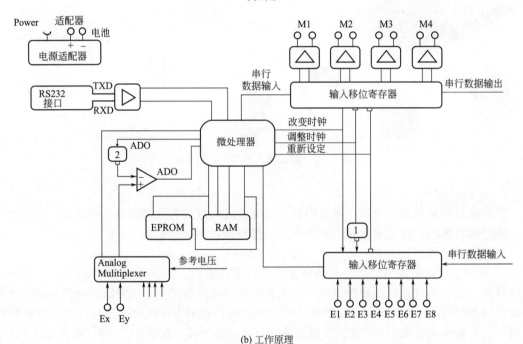

(b) 工作原理

图 7-6　智能接口板外形及工作原理

手爪打开到最大位置，确定一个放料平台为储物平台，另一个平台为卸料平台。将一个筒状物体放在储物平台时，手爪自动将该物体夹紧，机械手翻转 180° 并松开手爪将该物体放在卸料平台上，然后手爪返回起始点，将另一物体抓起，并重复以上动作。翻转机械手模型使用了两个电机，一个用于控制机械手爪的闭合和打开，另一个用于控制机械手的翻转。三个按钮开关中有两个分别控制手爪打开限位和翻转左右限位，另一个产生手爪闭合脉冲信号，用于控制手爪的闭合。本实验要求由学生根据组装图纸完成模型的安装，同时完成编程及调试任务。

五、实验步骤

① 根据翻转机械手的动作要求，确定所需的输入/输出器件。

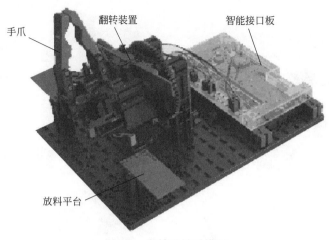

图 7-7 翻转机械手模型

② 根据组装图纸（图 7-8～图 7-11）组装翻转机械手模型，应保证各运动部件运动平稳，无卡阻现象。

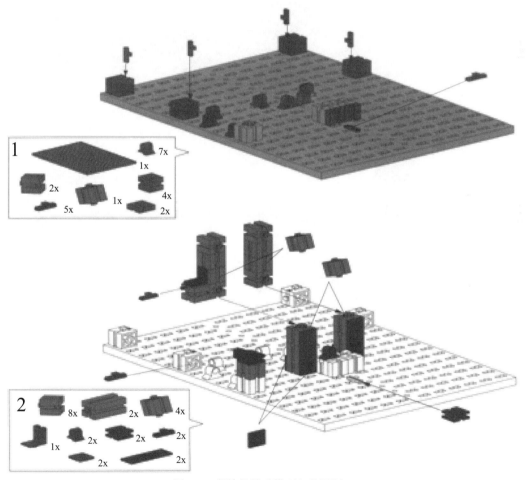

图 7-8 翻转机械手模型组装图纸一

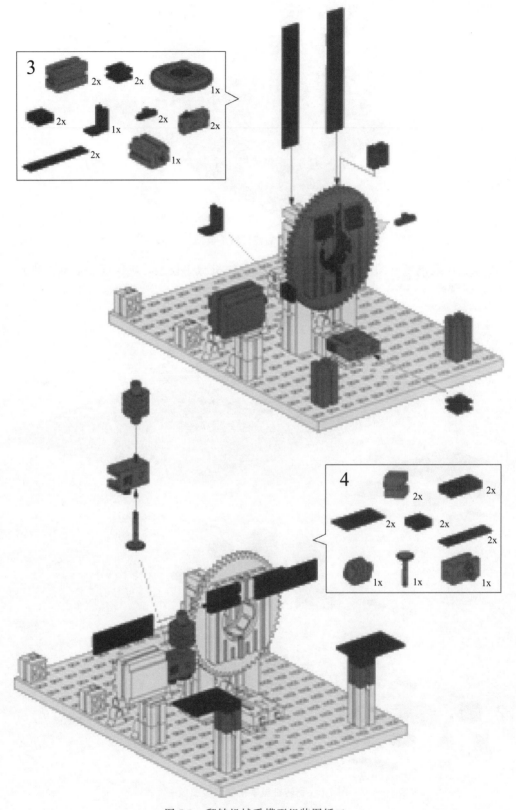

图 7-9 翻转机械手模型组装图纸二

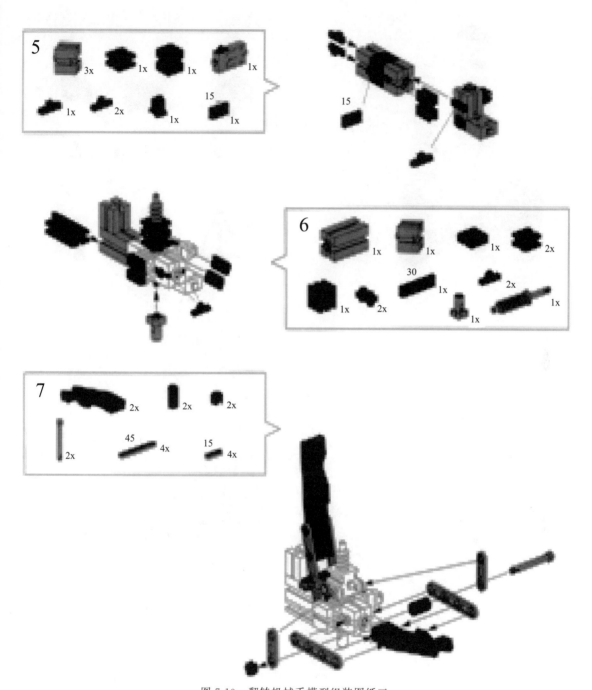

图 7-10　翻转机械手模型组装图纸三

③ 选择合适的导线，将智能接口板与输入/输出器件连接。

④ 根据翻转机械手的动作要求，编写程序并调试。

⑤ 完成实验内容后，将模型分解、清点后放入工具盒内。

六、思考题

① 如何在不使用限位开关的情况下准确地控制手爪张开和闭合程度？

② 电机若不能正常运转，应从哪几个方面查找原因？

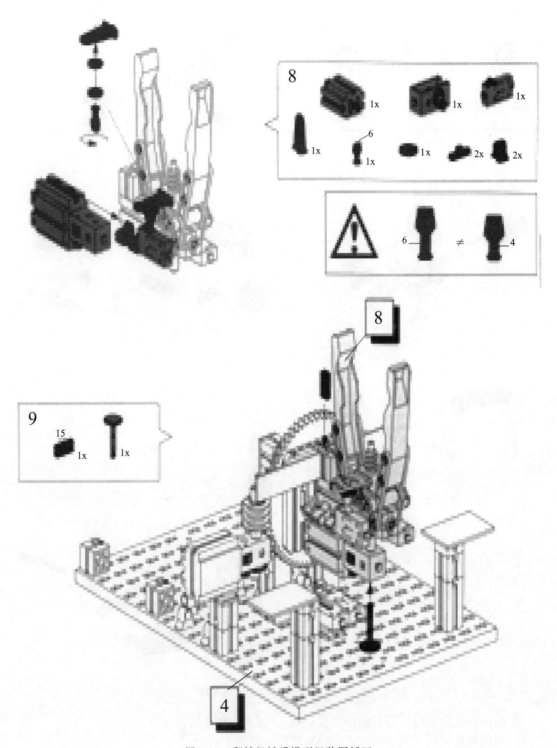

图 7-11 翻转机械手模型组装图纸四

七、实验报告要求

① 注明各电机及开关的用途。

电机及开关的用途

名称	用　　途
M1(顺时针)	
M1(逆时针)	
M2(顺时针)	
M2(逆时针)	
E1(常开、常闭)	
E2(常开、常闭)	
E3(常开、常闭)	
E4(常开、常闭)	

② 写出该翻转机械手模型由哪些机械零部件组成。

③ 画出翻转机械手的程序框图。

④ 完成上述思考题。

⑤ 写出实验总结，应包括实验过程、体会和心得。

实验名称：三自由度机械手实验

实验编号：0706	相关课程：机械创新设计综合实验
实验类别：综合性	适用专业：机械工程
实验性质：选开	

一、实验目的

① 了解三自由度机械手的结构、运动原理及工作过程，掌握各种机械零部件的功用。

② 了解各种控制元器件的结构和工作原理。

③ 掌握 LLWIN 软件的编程和应用，合理控制三自由度机械手的运动。

④ 培养创新设计能力和实际动手能力。

二、主要仪器设备

工业机器人模型组合包、智能接口板、直流电源、LLWIN 软件、计算机。

三、实验要求

图 7-12 所示为三自由度机械手模型，由立柱、横梁、旋转座、手爪和智能接口板等组成，能够实现沿 Z 轴旋转、上升下降及沿水平方向移动以搬运工件。旋转座由电机通过蜗轮和蜗杆带动可旋转 360°，立柱和横梁的移动都是通过丝杠螺母来实现的。

三自由度机械手模型共涉及八个按钮开关以及四个电机。在八个按钮开关中，有四个作为限位开关使用，分别控制手爪的打开限位、旋转极限位置限位、立柱上升限位和横梁后退限位，另外四个按钮开关作为旋转编码器使用，分别控制旋转座的旋转角度、横梁移动距离、立柱移动距离和手爪的闭合。

三自由度机械手的动作过程是，当机械手得电后，首先寻找原点（各限位开关的位置），然后手爪将物件抓住，抬高 50mm，前伸 60mm 并旋转 90°后，将物品放在桌面上，重复以上动作。本实验要求学生独立完成模型的设计与安装，并按照运动过程编写程序，主要部件的安装可参照图 7-13。

四、实验步骤

① 根据三自由度机械手的动作要求，确定设计方案。

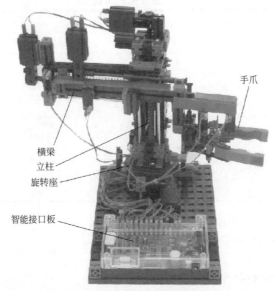

图 7-12　三自由度机械手模型

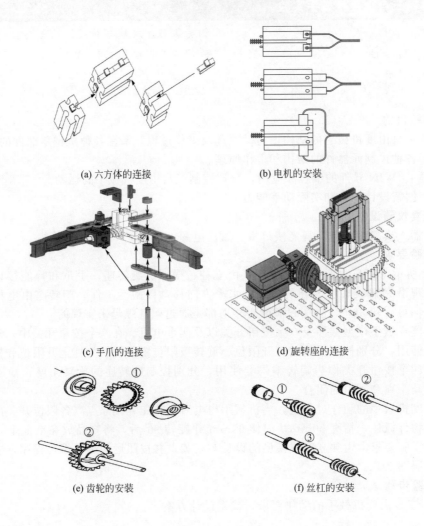

(a) 六方体的连接　　　　　　　(b) 电机的安装

(c) 手爪的连接　　　　　　　　(d) 旋转座的连接

(e) 齿轮的安装　　　　　　　　(f) 丝杠的安装

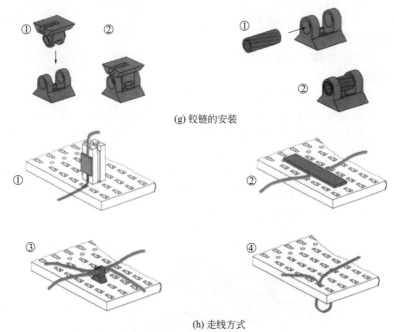

(g) 铰链的安装

(h) 走线方式

图 7-13 主要部件的安装

② 根据设计方案选择所需的各种机械零部件。

③ 组装三自由度机械手模型，应保证各运动部件运动平稳，无卡阻现象。

④ 选择合适的导线，将智能接口板与输入/输出器件连接。

⑤ 根据三自由度机械手的动作要求，编写程序并调试。

⑥ 完成实验内容后，将模型分解、清点后放入工具盒内。

五、思考题

① 三自由度机械手模型可实现哪三个方向的运动？如何控制横梁的移动距离？

② 如何实现三自由度机械手模型四个驱动电机同时运行？把程序写出来。

六、实验报告要求

① 写出各电机及开关的用途（格式参照翻转机械手实验报告）。

② 画出减速器的结构简图，并计算其传动比。

③ 画出机械手爪的机构简图。

④ 完成上述思考题。

⑤ 写出实验总结，应包括实验过程、体会和心得。

实验名称：焊接机器人实验

实验编号：0707	相关课程：机械创新设计综合实验
实验类别：综合性	适用专业：机械工程
实验性质：选开	

一、实验目的

① 了解焊接机器人的结构组成和特点、工作过程，掌握各种机械零部件的功用。

② 了解焊接机器人协调各轴运动、寻找定位点进行焊接的过程。

③ 掌握 LLWIN 软件的编程和应用，合理控制焊接机器人的运动。

④ 培养创新设计能力和实际动手能力。

二、主要仪器设备

工业机械人模型组合包、智能接口板、直流电源、LLWIN 软件、计算机。

三、实验要求

焊接机器人模型如图 7-14 所示，由旋转底座、焊杆、摆动架和智能接口板等组成。焊接机器人具有三个自由度，通过三个电机驱动来实现，分别控制焊接机器人旋转底座的旋转、焊杆的伸缩和焊杆的摆动。智能接口板输出端口 M4 与指示灯相连，通过指示灯的亮与灭表示焊枪工作与停止。焊接机器人模型使用了六个按钮开关，其中三个按钮分别作为旋转底座的限位开关、焊杆回缩的限位开关和焊杆摆动的限位开关，另外三个按钮开关作为旋转编码器使用，分别对旋转底座的旋转计数并控制其旋转角度，对焊杆的伸缩计数并控制其伸缩长度，对焊杆的摆动计数并控制其摆动角度。

图 7-14　焊接机器人模型

焊接机器人的动作过程是，启动后，焊接机器人复位到各限位开关的位置，然后焊接机器人在三个自由度方向同时进行旋转、摆动、伸缩运动，通过控制脉冲计数器，使焊枪运动到事先确定的三个焊点进行点焊作业，点焊完毕，焊接机器人复位，进行下一个工作循环。本实验要求学生独立完成模型的设计与安装，并且按照运动过程编写程序，结构可参照图 7-14。

四、实验步骤

① 根据焊接机器人的动作要求，确定设计方案。

② 根据设计方案选择所需的各种机械零部件。

③ 组装焊接机器人模型，应保证各运动部件运动平稳，无卡阻现象。

④ 选择合适的导线，将智能接口板与输入/输出器件连接。

⑤ 根据焊接机器人的动作要求，编写程序并调试。

⑥ 完成实验内容后，将模型分解、清点后放入工具盒内。

五、思考题

① 如何控制焊接机器人在同一平面进行焊接？

② 用什么元件可以替换现有的限位开关和计数开关？

六、实验报告要求

① 写出各电机及开关的用途（格式参照翻转机械手实验报告）。

② 列出焊接机器人模型采用的机械机构。

③ 画出摆动机构的机构简图。

④ 完成上述思考题。

⑤ 写出实验总结，应包括实验过程、体会和心得。

实验名称：气动门实验

实验编号：0708	相关课程：机械创新设计综合实验
实验类别：综合性	适用专业：机械工程
实验性质：必开	

一、实验目的

① 掌握气动系统的结构组成、运动原理及工作过程。

② 了解各种控制元器件的结构和工作原理。

③ 了解气动门的结构组成和工作原理。

④ 掌握 LLWIN 软件的编程和应用。

⑤ 培养创新设计能力和实际动手能力。

二、主要仪器设备

气动机器人模型组合包、智能接口板、直流电源、LLWIN 软件、计算机。

三、设备介绍

利用慧鱼组合模型可以完成设计创意、实际组装、模型调试、程序设计及编程等内容，培养学生的机械创新思维和能力。本实验通过慧鱼组合模型进行设计、组装、调试，由学生实际动手组装模型，可以提高学生的学习热情和兴趣，拓宽创新思路。在实验过程中，学生可以了解气动设备的组成、工作原理和控制过程，并可根据动作要求，完成控制程序的设计与编程。

气动机器人（Pneumatic Robots）模型组合包由储气罐、气缸、活塞、气弯头、手动阀、电磁阀、气管、按钮开关、光电开关和电机等组成，部分气动元件如图 7-15 所示。该模型组合包采用积木式插装结构，连接简单方便，尺寸精确。采用这些构件进行组合和设计，可得到各种不同的机械设备，并可结合电气控制元件组装成各种自动化装置。

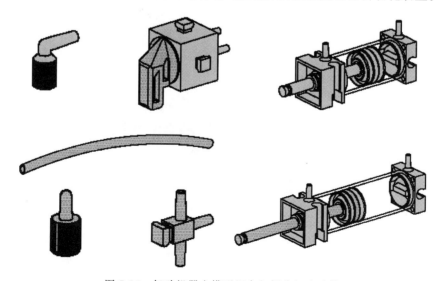

图 7-15 气动机器人模型组合包部分气动元件

气源系统是将原动机供给的机械能转换为流体压力能，由生产、处理和储存压缩空气的设备组成的系统，为气动装置提供满足一定要求的压缩空气。气源系统一般由气压发生器（空气压缩机）、压缩空气的净化装置和传输管道系统装置组成。模型中采用活塞往复压缩式空气压缩机（图7-16），该压缩机由压缩泵、单向阀、主动轮、电机等组成。其运动过程为电机通过传动带、带轮和偏心轮带动活塞往复移动来产生压缩空气，当活塞向下运动时，产生真空将空气吸入腔内，当活塞向上运动时，产生压缩空气，当压力达到一定值时，顶开弹簧向外输送压缩空气。

图 7-16 空气压缩机模型

四、实验要求

气动门模型由气源、气动门组件和智能接口板组成，如图7-17所示。门通过铰链安装在门框上，它的关闭和打开由电磁阀控制气缸来实现。气动门的外面装有对射式光电开关，当有物体挡住光源时，产生输入信号，控制气缸打开门。当门关闭时，由限位开关检测门是否关闭到位。本实验要求由学生根据组装图纸完成模型的安装，并按动作过程进行编程和调试。

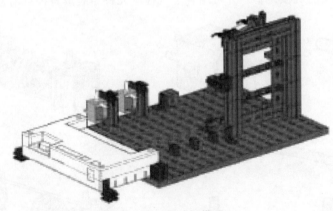

图 7-17 气动门模型

气动门的动作过程是，得电后，空气压缩机电机首先运行3s，使储气罐内充满压缩空气，气动门关闭，当有物体到达进口位置时，经光电开关检测后，气动门自动打开并延时3s后自动关闭，重复上述动作。

五、实验步骤

① 根据气动门的动作要求，确定所需的输入/输出器件。

② 根据图 7-18 组装空气压缩机，应保证其运动平稳。

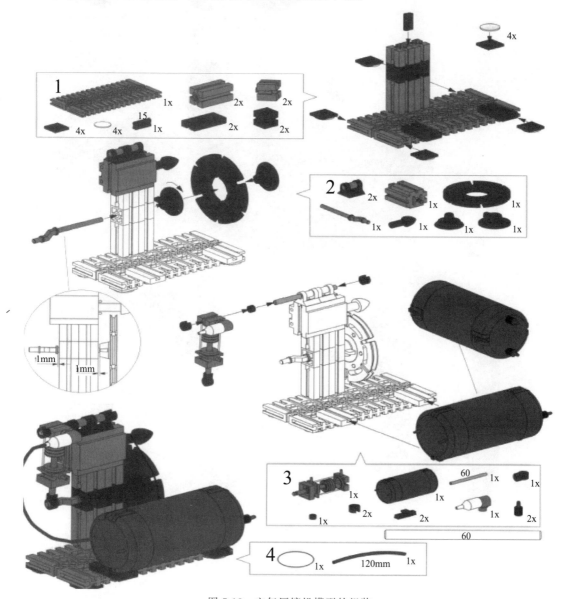

图 7-18 空气压缩机模型的组装

③ 根据图 7-19 和图 7-20 组装气动门模型，应保证各运动部件运动平稳，无卡阻现象。

④ 根据图 7-21 组装气动回路，不得有泄漏现象存在。

⑤ 选择合适的导线，将智能接口板与输入/输出器件连接。

⑥ 根据气动门的动作要求，编写程序并调试。

⑦ 完成实验内容后，将模型分解、清点后放入工具盒内。

六、思考题

① 模型的电磁阀为几位几通？采用何种电磁阀可以代替这两个电磁阀？画出符号。

② 若要求气动门开关六次后设备自动关机，程序应如何设计？

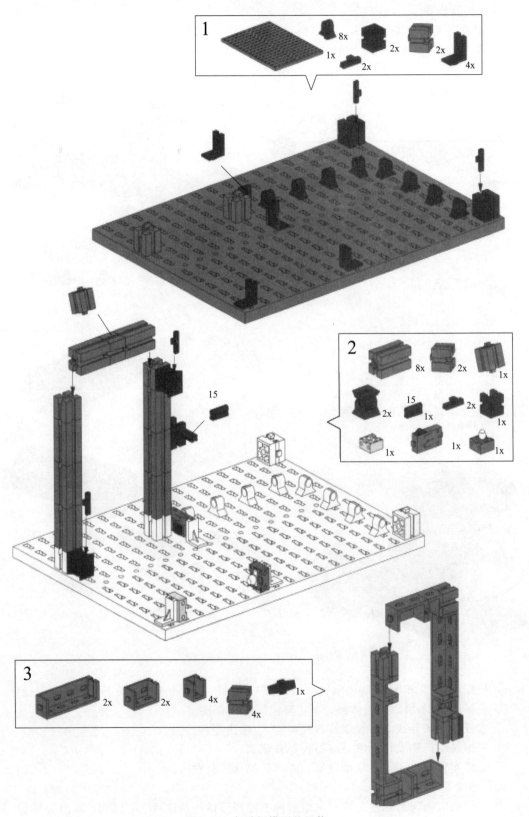

图 7-19　气动门模型的组装一

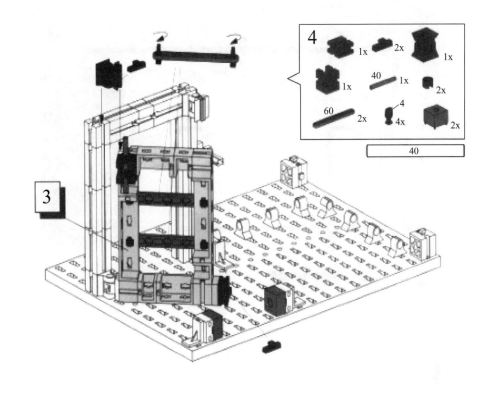

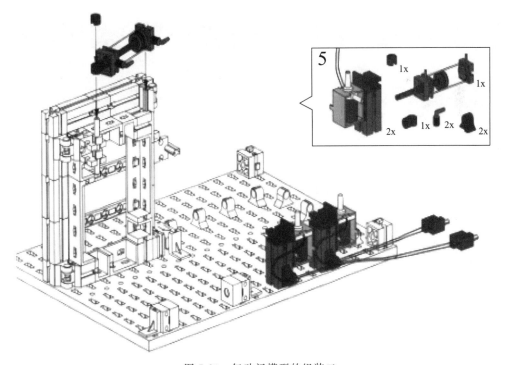

图 7-20 气动门模型的组装二

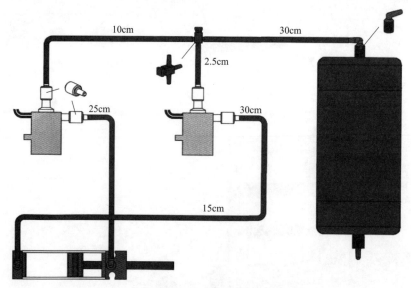

图 7-21　气动回路的组装

七、实验报告要求

① 写出各输入/输出器件的用途（格式参照翻转机械手实验报告）。

② 画出气动门的程序框图。

③ 画出气路原理图。

④ 完成上述思考题。

⑤ 写出实验总结，应包括实验过程、体会和心得。

实验名称：气动分拣机实验

实验编号：0709	相关课程：机械创新设计综合实验
实验类别：综合性	适用专业：机械工程
实验性质：选开	

一、实验目的

① 掌握气动系统的结构组成、运动原理及工作过程。

② 了解各种控制元器件的结构和工作原理。

③ 了解气动分拣机的结构组成和工作原理。

④ 掌握 LLWIN 软件的编程和应用。

⑤ 培养创新设计能力和实际动手能力。

二、主要仪器设备

气动机器人模型组合包、智能接口板、直流电源、LLWIN 软件、计算机。

三、器件介绍

光电开关（光电传感器）的物理基础是光电效应，在光的照射下，电子将逸出物体表面向外发射。光电开关由发射器、接收器和检测电路三部分组成，它利用被检测物体对光束的遮光或反射来检出物体的有无，光电开关检测不局限于金属，其他物体也可检测。光电开关将输入电流在发射器上转换为光信号射出，接收器再根据接收到的光线的强弱或有无对目标物体进行探测。光电开关的光源采用发光二极管，可分为可见光、红外线、紫外线等；组合模型采用红外线和普通白炽光，光敏元件采用光敏二极管、三极管光敏电阻，工作原理如图 7-22 所示。

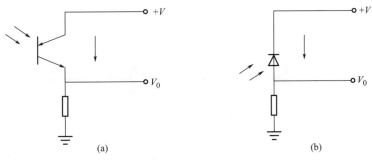

图 7-22　光电开关工作原理

按照接收方式，光电开关可分为下几种。

① 漫反射（自反射）式光电开关：集发射器和接收器于一体，当有被检测物体经过时，物体将光电开关发射器发射的足够量的光线反射到接收器，于是光电开关就产生了开关信号。

② 镜反射式光电开关：集发射器与接收器于一体，发射器发出的光线经反射镜反射回接收器，当被检测物体经过且完全阻断光线时，光电开关就产生了开关信号。

③ 对射式光电开关：在结构上相互分离，发射器和接收器相对放置，发射器发出的光线直接进入接收器，当被检测物体经过发射器和接收器之间且阻断光线时，光电开关就产生了开关信号。当检测物体为不透明时，对射式光电开关是最可靠的检测装置。

四、实验要求

气动分拣机模型如图 7-23 所示，可分拣黑色和白色的物体。该模型由气源、分拣机和智能接口板组成，共使用两个电机，分别驱动空气压缩机和曲柄滑块机构，三个电磁阀控制分拣拨叉的动作，一个光电开关用于检测物体的颜色，一个限位开关用来确定分拣拨叉的位置。

图 7-23　气动分拣机模型

气源系统在整个系统中起着提供压缩气体的作用，由单向阀、往复式气泵、电机、带轮、储气罐和曲柄等组成。

　　分拣机由储料桶、推杆、检测开关、分拣拨叉、盛物箱和气动元件等组成。储料桶用于存储未分拣的圆形物料，储料桶的下端是滑动平台。当有物体从储料桶下端落在滑动平台上时，推杆将该物体送到分拣检测开关位置，该检测开关为漫反射式光电开关。根据检测开关所发出的信号来判断该物体的颜色，由电磁阀控制气缸动作，将物体放入相对应的盛物箱内。气路连接如图 7-24 所示。

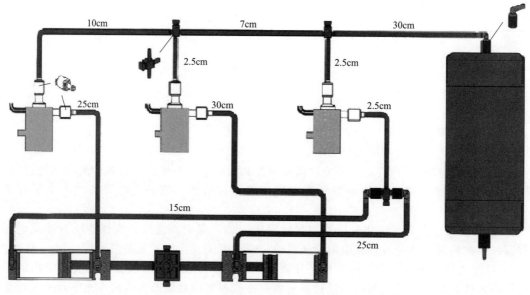

图 7-24　气路连接

　　气动分拣机的动作过程是，设备得电后，空气压缩机电机首先打开 5s，使储气罐内充满压缩空气。将白色和黑色的盘状物体放在储料桶内，当推杆将盘状物体推出时，机器自动检测该物体的颜色，分别将其放在指定的盛物箱内。本实验要求由学生独立完成模型的设计与安装，并按照运动过程编写程序，结构可参照图 7-23。

五、实验步骤

① 根据气动分拣机的动作要求，确定设计方案。

② 根据设计方案选择所需的各种机械零部件。

③ 组装空气压缩机，应保证其运动平稳。

④ 组装气动分拣机模型，应保证各运动部件运动平稳，无卡阻现象。

⑤ 组装气动回路，各接头应安装牢固，不得有泄漏现象存在。

⑥ 选择合适的导线，将智能接口板与输入/输出器件连接。

⑦ 根据气动分拣机的动作要求，编写程序并调试。

⑧ 完成实验内容后，将模型分解、清点后放入工具盒内。

六、思考题

① 从控制方面分析，当气源压力达到设定值后，应如何控制电机的启停？

② 多种颜色物体应如何检测？采用何种检测开关？

七、实验报告要求

① 写出各输入/输出器件的用途（格式参照翻转机械手实验报告）。

② 画出推杆机构的结构简图。

③ 画出拨杆机构的气路控制原理图，并说明其工作原理。

④ 完成上述思考题。

⑤ 写出实验总结，应包括实验过程、体会和心得。

实验名称：气动加工中心实验

实验编号：0710	相关课程：机械创新设计综合实验
实验类别：综合性	适用专业：机械工程
实验性质：选开	

一、实验目的

① 掌握气动系统的结构组成、运动原理及工作过程。

② 了解各种控制元器件的结构和工作原理。

③ 了解气动加工中心的结构组成和工作原理。

④ 掌握 LLWIN 软件的编程和应用。

⑤ 培养创新设计能力和实际动手能力。

二、主要仪器设备

气动机器人模型组合包、智能接口板、直流电源、LLWIN 软件、计算机。

三、实验要求

气动加工中心模型模拟了一个自动上料、冲压加工和自动卸料的冲压加工自动化设备，如图 7-25 所示，由气源系统、加工中心和智能接口板组成。加工中心由上料桶、旋转平台、冲压装置、卸料装置、储物箱和气压系统等部件组成。该模型使用的输入/输出器件包括两个电机、三个电磁阀和一个按钮开关。两个电机分别驱动空气压缩机和旋转平台，电机通过蜗轮和蜗杆带动旋转平台转动。三个电磁阀分别控制上料气缸、冲压气缸和卸料气缸的运动，上料气缸和卸料气缸同时动作，但其动作方向相反。旋转平台上在圆周方向装有六个碰块，每旋转 60°即触发按钮开关一次，从而达到控制旋转平台旋转角度的目的。

图 7-25　气动加工中心模型

气动加工中心的工作过程是，空气压缩机电机首先打开 5s，使储气罐内充满压缩空气，将需要加工的工件放入上料桶内，当工件落到平台上时，上料气缸将工件送到旋转平台上，旋转平台在电机的带动下通过按钮开关的信号来控制旋转的角度，将工件送到冲压装置的下方。冲压气缸带动冲压头对工件进行冲压作业。旋转平台继续转动，将工件送到盛放打孔件容器的位置，卸料气缸将工件送入储物箱内。本实验要求由学生独立完成模型的设计与安装，并按照运动过程编写程序，结构可参照图 7-25。

四、实验步骤

① 根据气动加工中心的动作要求，确定设计方案。

② 根据设计方案选择所需的各种机械零部件。

③ 组装空气压缩机，应保证其运动平稳。

④ 组装气动加工中心模型，应保证各运动部件运动平稳，无卡阻现象。

⑤ 组装气动回路，各接头应安装牢固，不得有泄漏现象存在。

⑥ 选择合适的导线，将智能接口板与输入/输出器件连接。

⑦ 根据气动加工中心的动作要求，编写程序并调试。

⑧ 完成实验内容后，将模型分解、清点后放入工具盒内。

五、思考题

① 如何在程序中增加计数功能，使出料的数量达到设定值后设备停机？

② 如何控制气缸行程，使其在任意位置停止？

六、实验报告要求

① 写出各输入/输出器件的用途（格式参照翻转机械手实验报告）。

② 画出旋转平台的结构简图。

③ 画出该设备气路控制原理图，并说明其工作原理。

④ 完成上述思考题。

⑤ 写出实验总结，应包括实验过程、体会和心得。

实验名称：光源牵引 AGV 移动车实验

实验编号：0711	相关课程：机械创新设计综合实验
实验类别：综合性	适用专业：机械工程
实验性质：选开	

一、实验目的

① 了解光源牵引 AGV 移动车的结构组成、运动原理、控制原理及工作过程。

② 了解各种控制元器件的结构和工作原理。

③ 掌握 LLWIN 软件的编程和应用。

④ 培养创新设计能力和实际动手能力。

二、主要仪器设备

移动机器人模型组合包、智能接口板、直流电源、LLWIN 软件、计算机。

三、设备介绍

利用慧鱼组合模型可以完成设计创意、实际组装、模型调试、程序设计及编程等内容，有助于培养学生的机械创新思维和能力。本实验通过移动机器人模型组合包进行设计、组装、调试，由学生独立动手组装模型，可以提高学生的学习热情和兴趣，拓宽创新思路。在实验过程中了解移动机器人的组成、工作原理和控制过程，并可根据动作要求，完成控制程序的设计与编程。

移动机器人模型组合包由各种连杆、直齿轮、锥齿轮、齿轮轴、蜗轮和蜗杆、凸轮、丝杠和螺母、万向节、齿轮箱、铰链、车轮、电机、光电开关和按钮开关等组成，部分零部件如图 7-26 所示。该模型组合包采用积木式插装结构，连接简单方便，尺寸精确，采用这些构件进行组合和设计，再结合电气控制元件可得到各种不同的移动机器人模型。

四、实验要求

AGV 是自动导引运输车（Automated Guided Vehicle）的英文缩写，是轮式移动机器人（WMR，Wheel Mobile Robot）的特殊应用，光源牵引 AGV 移动车能够自动追踪光源而运动。光源牵引 AGV 移动车由行走机构、光源检测机构、智能接口板和电源组成。光源牵引 AGV 移动车使用下列输入/输出器件：两个电机，用于控制移动车左右车轮的运转，控制移动车的行走；两个按钮开关，与凸轮配合作为旋转编码器使用，产生脉冲信号，分别

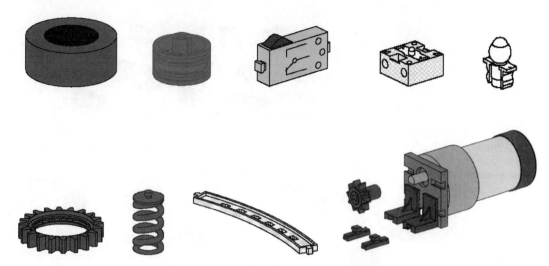

图 7-26　移动机器人模型组合包部分零部件

控制所对应左右车轮转速；两个并排安装的光敏三极管，用于检测光源。行走机构由两个主动轮和一个无动力的辅助轮组成，均安装在车架上。光敏三极管安装在移动车的正前方，方便追踪光源。电源和智能接口板安装在车架上部。

　　光源牵引 AGV 移动车模型（图 7-27）上装有两个光敏三极管，当两个光敏三极管同时检测到光源时，移动车向前直行；当两个光敏三极管只有一个检测到光源时，移动车对应地实现左转、右转一定的角度，直到两个光敏三极管都有信号后继续直行；当两个光敏三极管同时都未检测到光源时，移动车在原地转动 360°寻找光源，每隔 1min 寻找一次，若三次都未找到光源，则整个 AGV 移动车停止运行。本实验要求由学生根据组装图纸完成模型的安装，并按动作过程进行编程和调试。

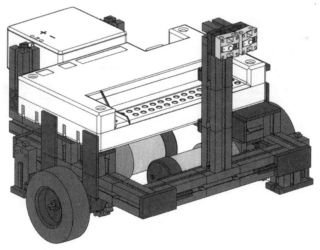

图 7-27　光源牵引 AGV 移动车模型

五、实验步骤

　　① 根据光源牵引 AGV 移动车的动作要求，确定所需的输入/输出器件。

　　② 根据组装图纸（图 7-28～图 7-32）组装光源牵引 AGV 移动车模型，应保证各运动部件运动平稳，无卡阻现象。

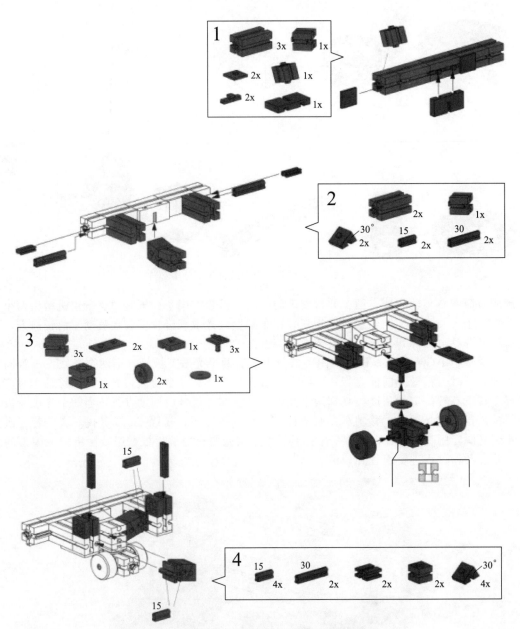

图 7-28　光源牵引 AGV 移动车模型组装图纸一

③ 选择合适的导线，将智能接口板与输入/输出器件连接。

④ 据光源牵引 AGV 移动车的动作要求，编写程序并调试。

⑤ 完成实验内容后，将模型分解、清点后放入工具盒内。

六、思考题

① 移动车找不到光源是什么原因？

② 如果把光源牵引 AGV 移动车改造成寻轨 AGV 移动车应如何改动？

七、实验报告要求

① 写出各输入/输出器件的用途（格式参照翻转机械手实验报告）。

② 画出光源牵引 AGV 移动车的程序框图。

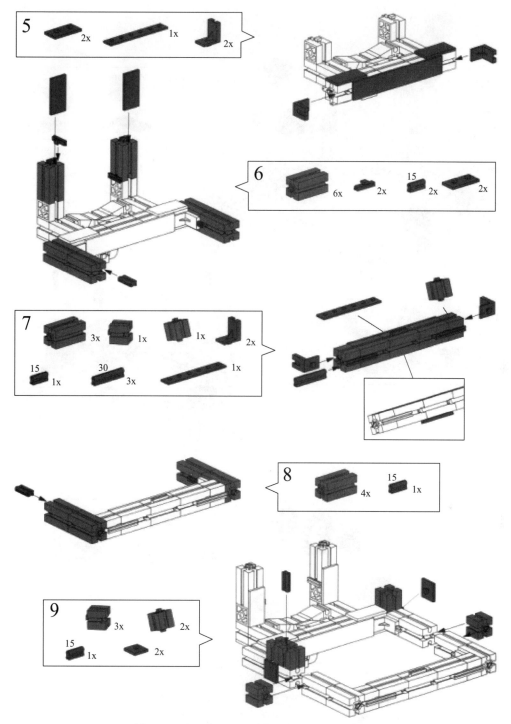

图 7-29　光源牵引 AGV 移动车模型组装图纸二

③ 说明光敏三极管的工作原理。

④ 完成上述思考题。

⑤ 写出实验总结，应包括实验过程、体会和心得。

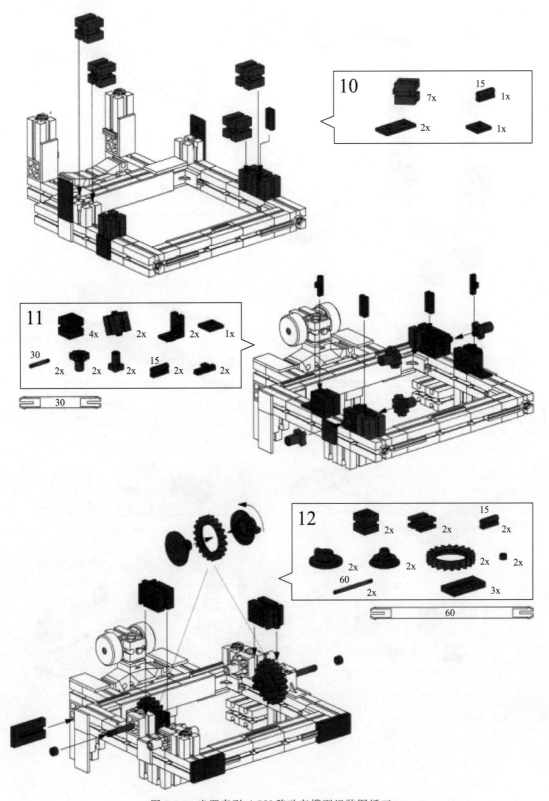

图 7-30　光源牵引 AGV 移动车模型组装图纸三

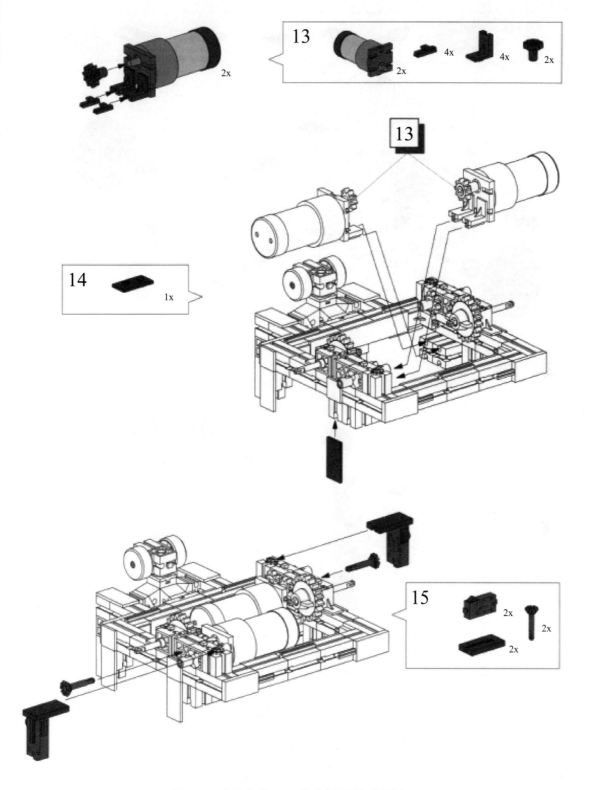

图 7-31　光源牵引 AGV 移动车模型组装图纸四

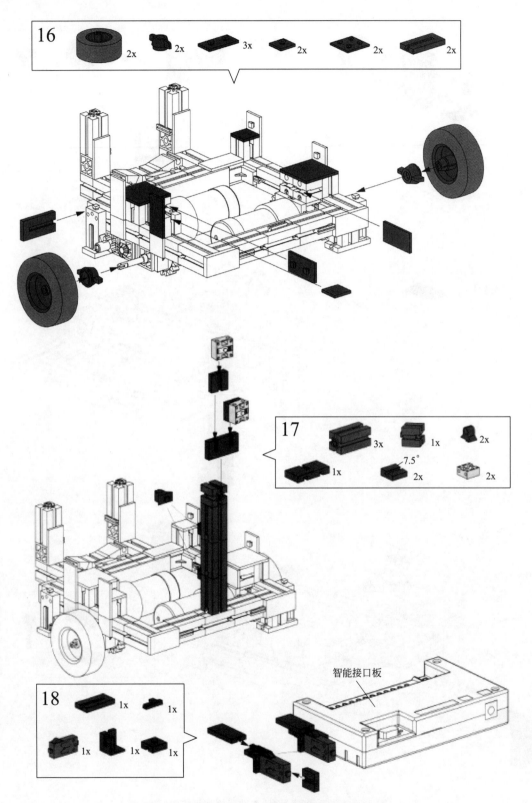

图 7-32　光源牵引 AGV 移动车模型组装图纸五

实验名称：躲避障碍 AGV 移动车实验

实验编号：0712　　　　　　　　　相关课程：机械创新设计综合实验
实验类别：综合性　　　　　　　　适用专业：机械工程
实验性质：选开

一、实验目的

① 了解躲避障碍 AGV 移动车的结构组成、运动原理、控制原理及工作过程。
② 了解各种控制元器件的结构和工作原理。
③ 掌握 LLWIN 软件的编程和应用。
④ 培养创新设计能力和实际动手能力。

二、主要仪器设备

移动机器人模型组合包、智能接口板、直流电源、LLWIN 软件、计算机。

三、实验要求

躲避障碍 AGV 移动车模型如图 7-33 所示，它能够在前方遇到障碍时，自动躲避并改变前进方向，由行走机构、障碍检测装置、智能接口板和电源组成。该模型使用下列输入/输出器件：两个电机，分别用于控制移动车左右车轮的运转和控制移动车的行走；两个按钮开关，与凸轮配合作为旋转编码器使用，产生脉冲信号，分别控制所对应左右车轮转速；在移动车左前方、右前方和正后方装有限位开关，用于检测障碍物的方向，并发出信号。行走机构由两个主动轮和 1 个无动力的辅助轮组成，均安装在车架上。电源和智能接口板安装在车架上部。

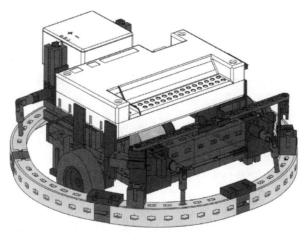

图 7-33　躲避障碍 AGV 移动车模型

躲避障碍 AGV 移动车的工作过程是，通电后，移动车前方没有障碍时，该车一直向前走；当前方碰到障碍时，通过左前方和右前方两个限位开关传出的信号的不同来控制其左转、右转、后退运动。在其后退过程中，若后方有障碍，正后方限位开关会产生信号，移动车停止后退改为前进。本实验要求由学生独立完成模型的设计与安装，并按照运动过程编写程序，结构可参照图 7-33。

四、实验步骤

① 根据躲避障碍 AGV 移动车的动作要求，确定设计方案。
② 根据设计方案选择所需各种机械零部件。

③ 组装躲避障碍 AGV 移动车模型，应保证各运动部件运动平稳，无卡阻现象。

④ 选择合适的导线，将智能接口板与输入/输出器件连接。

⑤ 根据躲避障碍 AGV 移动车的动作要求，编写程序并调试。

⑥ 完成实验内容后，将模型分解、清点后放入工具盒内。

五、思考题

① 该移动车可以再增加什么传感器，使其具有更多的功能？

② 如何编程能够使该 AGV 移动车在躲避障碍一定次数后自动停机？

六、实验报告要求

① 写出各输入/输出器件的用途。

② 写出躲避障碍 AGV 移动车的工作原理及工作过程。

③ 完成上述思考题。

④ 写出实验总结，应包括实验过程、体会和心得。

实验名称：机械创新综合实验

实验编号：0713	相关课程：机械创新设计综合实验
实验类别：创新性	适用专业：机械工程
实验性质：选开	

一、实验目的

① 结合学过的专业知识，根据所提的设计任务，完成创新方案的设计。

② 培养确定机械设计方案的能力。

③ 培养机械设计和电气控制设计相结合的能力。

④ 培养创新设计能力和实际动手能力。

二、主要仪器设备

慧鱼组合模型、智能接口板、PLC、直流电源、LLWIN 软件、PLC 编程软件、计算机。

三、实验要求

根据设计任务，由学生结合所学的有关专业知识，自主确定实验题目，并完成机械结构设计、程序编写及设备的调试和模型修改等工作。通过实验，要求学生掌握机械创新设计的过程和方法，提高实际动手能力。

设计题目由教师审核后，学生自主完成，模型具体要求如下。

① 应具有三个以上的独立运动机构。

② 应具有多任务功能，通过各种传感器完成各种工况的识别能力。

③ 应具有高智能化，高自适应性。

④ 应具有一定的实用性和创新性。

四、实验步骤

① 根据设计任务确定合理的设计题目，制定设计任务。

② 确定合理的工作原理和工艺过程。

③ 确定完成整个工艺过程所需的机械结构和电气结构。

④ 完成模型简图的绘制。

⑤ 组装模型并完善模型。

⑥ 编写程序并优化程序。

⑦ 对模型和程序进行改进,达到预定的技术水平。

⑧ 整理计算参数、设计图纸和设计程序,完成说明书的编写。

五、实验报告要求

① 设计题目,体现该设备的用途、功能及其先进性。

② 设备的运动分析及数据计算。

③ 设备的工作过程及为实现该过程所设计的机械结构简图。

④ 设备三维图和工程图。

⑤ 设备的程序框图及程序。

⑥ 实验总结。

附录

附录一　学生实验报告的基本要求

实验报告是实验的总结，通过实验报告的书写，可以提高学生的分析能力，因此实验报告必须由每个学生独立完成，报告要有自己的观点，并进行讨论。

① 实验报告的基本信息部分中应包括实验名称、实验日期、实验室名称、实验者信息（班级、学号、姓名）、同组者姓名（若同组人数超过一人，写任一人即可）等。

② 实验报告内容必须有实验目的、实验仪器设备和器材、实验原始数据、数据处理、结论、对思考题的回答等。

③ 实验仪器设备应记录仪器设备名称、品牌、型号规格、精度、选用的量程等。

④ 实验原始数据应完整并注明单位，最好以表格的形式列出，不得更改、伪造。

⑤ 实验报告中记录原始数据的表格，除本教材已经提供的以外，学生可以自行设计，表格格式以能直观、准确、完整地记录原始数据为准。

⑥ 运用科学的方法对原始数据进行处理，得到正确的实验结果。

⑦ 对思考题的回答，要有严谨的推导过程。

⑧ 验证性实验是对基本知识的回顾和验证，着重培养学生严谨的工作作风和科学态度。因此，实验报告要严格按照上述要求认真完成。

⑨ 设计性实验和综合性实验主要是考核学生综合运用所学知识，着重培养学生独立思考、分析问题、解决问题以及努力创新的能力。因此，设计性实验和综合性实验的报告除了包括验证性实验报告的项目内容外，还应着重说明实验的原理，实验方案的可行性、合理性、科学性和先进性。

设计性实验，在教师的指导下阅读教材、查阅资料、搜集素材等，设计完成一个完整的实验方案，并按照所设计的实验方案完成实验目的。

综合性实验的总结，应包括实验内容所涉及本课程或相关课程的知识点，综合训练的内容，通过实验的完成实验者的体会等。

附录二　计量误差与数据处理

一、误差公理

实验结果都具有误差，误差自始至终存在于一切科学实验的过程之中。在对海王星运动轨迹的观测中，从观测数据发现它有小的、不规则的运动，因此引起了人们的注意，最后导致冥王星的发现；由空气中获取的氮气的密度与其他化学方法产生氮气的密度有明显差异，从而导致了惰性气体氩气的发现。

误差理论是计量科学的重要组成部分，在计量误差研究中主要解决三个方面的问题：合理评价计量结果的误差；正确处理计量数据，以便得到接近于真值的最佳结果；指导实验设计，合理选择计量器具、计量方法和规定的计量条件，以便得到最佳的结果。

二、计量误差

计量误差是计量结果与被计量的真值之间的差异。当测量结果仅含有随机误差时，测量结果算术平均值（数学期望值）是被测量真值的最佳估计值。

1. 计量误差的表示方法

计量误差有四种表示方法：绝对误差、相对误差、分贝误差、引用误差。引用误差是一种简化的实用且方便的相对误差，在多挡和连续刻度的仪器仪表中广泛应用，这类仪器仪表可测量范围不是一个点而是一个量程，各刻度点的示值和其对应的真值都不一样，因此计算相对误差时所用的分母也不一样，由此定义引用误差——引用误差是计量仪器的示值的绝对误差与仪器的特定值之比。该特定值通常是计量仪器的满刻度值（最大刻度值）或标称的上限。

2. 计量误差的分类

计量误差分为系统误差、随机误差和粗大误差。

（1）系统误差

在相同条件下，多次重复计量同一个量时，保持固定不变的误差，或者条件改变时，按某一确定的规律变化的计量误差的分量称为系统误差。系统误差决定计量结果的正确程度。

系统误差可以通过实验确定（或者根据实验方法、手段的特性估计出来）并加以修正。但有时由于对某些系统误差的认识不足或没有相应的手段予以确定，而不能修正，这种系统误差称为未定误差或剩余系统误差，也称为未消除的系统误差。

系统误差的产生：装置误差；环境误差；方法或理论误差；人员误差。

系统误差的消除：计量前消除可消除的误差源；在计量过程中采用适当的实验方法。

计量前消除从参与测量的四个环节——进行测量的操作人员、所用测量设备、采用的测量方法和进行测量的条件入手，分别对其进行仔细研究，深入分析，从而找出产生系统误差的原因，并设法消除这些系统误差。

采用的方法有替代法（采用电桥测量电阻）、反向补偿法（消除恒温箱热惯性引入的系统）、对称法（采用电位差计测量电阻）、交换法（高斯称量法）、抵消法（测量高频小电容）、半周期法（秒表指针偏心问题）等，可将系统误差消除。

（2）随机误差

在相同的条件下，多次重复计量同一个量时，以不可预定的方式变化的计量误差的分量称为随机误差，也称为偶然误差。随机误差决定了计量结果的精密程度。随机误差是由尚未被认识和控制的规律或因素所导致的。也就是说，随机误差的出现具有随机的性质，因此不能修正，也不能完全消除，只能根据其本身存在的规律，用增加计量次数的方法，加以减小和限制。要想得出正确的结果，必须经过多次重复测量得到测量列，发现它所遵循的统计规律，借助概率论和数理统计学的原理来进行研究。

① 随机误差的基本性质

a. 有界性：在一定条件下，绝对值很大的误差出现的概率为零，随机误差的绝对值不会超过某一界限。

b. 抵偿性：当计量次数无限增加时，绝对值相等的正、负误差出现的概率相同。

c. 单峰性：在一系列等精度计量中，绝对值小的误差出现的概率大于绝对值大的误差出现的概率，也就是说，绝对值小的误差比绝对值大的误差出现的机会多。

随机误差的主要性质是抵偿性。

② 随机误差的表示方法

a. 残余误差（v）：把有限 n 次测量所得值的算术平均值作为真值求得的绝对误差，称为残余误差，简称残差。因为残余误差 v_i 可以用测量值算出，所以在误差的计算中经常使用。

b. 最大绝对误差（U）：$U = \sup|\Delta x|$（sup 表示测量值 x 的绝对误差 Δx 的绝对值不超过 U），习惯上把 U 简称为最大误差。

c. 标准偏差（σ）：对一固定量进行 n 次测量，各次测量绝对误差平方的算术平均根，再开方所得的数值，即为标准偏差，也称标准差，根据其数学运算关系又称均方根差。

$$\sigma = \sqrt{\frac{1}{n-1}\sum_{i-1}^{n}(x_i - x_0)^2}\bigg|_{n\to\infty} = \sqrt{\frac{1}{n-1}\sum_{i-1}^{n}(\Delta x)^2}\bigg|_{n\to\infty}$$

d. 算术平均误差（θ）：也称平均误差。在对一固定量进行精密测量时，需要经过多次测量才能满足要求，为了表示这种多次测量的测量误差，可以用算术平均误差来表示。

$$\theta = \frac{|\delta_1| + |\delta_2| + \cdots + |\delta_n|}{n} = \frac{1}{n}\sum_{i=1}^{n}|\delta_i|$$

$$\theta = 0.7979\sigma \approx 4/5\sigma$$

e. 或然误差（ρ）：又称概差，是根据误差出现的概率来定义的。在一组测量中，若不计误差的正、负号，则误差大于 ρ 的测量值与误差小于 ρ 的测量值将各占一半，ρ 便称为或然误差。如果考虑测量误差的正、负号，或然误差 ρ 同样可以把带有正误差的测量值及带有负误差的测量值，按误差大小被 $+\rho$ 和 $-\rho$ 等分，即

$$P(|\delta| \leqslant \rho) = \frac{1}{2} \quad 或 \int_{-\rho}^{+\rho}f(\delta)\mathrm{d}\delta = \frac{1}{2}$$

$$\rho = 0.6745\sigma \approx 2/3\sigma$$

f. 极限误差（$\delta_{\lim}$）：一般精密测量中，对于服从正态分布的随机误差常用三倍标准误差作为极限误差，记为

$$\delta_{\lim} = 3\sigma$$

从理论上讲，测量值的误差小于极限误差的概率为 99.73%。

g. 极差（R）：一系列计量所得值中的最大值与最小值之差的绝对值称为极差，记为

$$R|x_{\max} - x_{\min}|$$

显然，极差没有反映计量次数的影响，体现不了误差的随机性。

$$\delta_{\lim} > \sigma > \theta > \delta$$

相应的置信概率为 99.73% > 68% > 57.62% > 50%。

（3）粗大误差

超出在规定条件下预期的误差称为粗大误差。出现这类误差的原因主要是工作人员的失误、计量仪器设备的故障以及影响量超出规定的范围等。对于粗大误差必须随时或在进行数据处理时予以判别并将相应的数据剔除。

3. 几个名词

① 精密度（precision）：在相同条件下进行多次测量时，所得结果的一致程度。精密度反映的是随机误差的大小。

② 正确度（correctness）：计量结果与真值的接近程度。正确度反映的是系统误差的大小。

③ 准确度（accuracy）：计量结果的一致性与真值的接近程度。准确度是精密度和正确度的综合反映。

三、数据处理

1. 有效数字

① 关于数字"0"：整数前的"0"无意义；对于纯小数，第一个不为零的数字前面的"0"只表示量级，不是有效数字；处于不为零数字之间的"0"是有效数字；处于结尾的所有"0"，一般约定是有效数字。

② 有效数字的位数：从略。

③ 有效数字的舍入原则：在整数后面有多余数字，舍弃多余数字后用"0"来代替；四舍六入，五看奇偶，偶舍奇入。

④ 加减运算时，所得结果的小数点后保留的位数，应与参加加减运算的各数据中小数点最少的那个数据位数相同。运算过程中，可按最少位数加一位进行中间过程的运算，最后取与最少位相同的位数。

⑤ 乘除运算时，参与运算的各数据中有效数字的位数最少的数据相对误差最大，运算结果的有效数字位数应与这个数据的有效数字位数相同。运算过程中，可按最少位数加一位进行中间过程的运算，最后取与最少位相同的位数。

⑥ 乘方与开方后，所得结果的有效数字位数与该数据的位数相同。

⑦ 对数运算中，所取对数的位数与真数的位数相同。

⑧ 三角函数的运算中，函数值的位数应随角度误差的减小而增多。

⑨ 计算平均值时，若为四个或以上的数平均，则平均值的有效数字可增加一位。

⑩ 在所有的计算式中，对于 π，e，1/2 等其他无误差的数值，其有效数字的位数认为是无限的，可任意取。如 $\pi=3.1415926535\cdots$；$1/2=0.500000000\cdots$。

⑪ 运算中，若有效数字的第一位数为 8 或 9，则有效数字的位数可多计一位。

⑫ 在表示测量结果的精度时，大多数情况下只取一位有效数字。根据有效数字的定义，一般测试结果的有效位数的最末一位应取到与精度参数的末位同一数量级。因此，有效数字的位数便基本上反映了测试精度。

⑬ 标准差的有效数字：根据有效数字的运算规则，σ 的有效数字最多取两位，若 σ 的首位有效数字为 8 或 9，则 σ 的有效数字只能取一位。

2. 粗大误差的处理

（1）粗大误差的定义

规定条件下预期的误差就是粗大误差，粗大误差明显地歪曲了计量结果。含粗大误差的值称为异常值，一旦发现异常值，应该将其剔除。粗大误差产生的原因有以下两个。

① 计量人员的主观原因。由于计量人员缺少经验、操作不当、工作过于疲乏或计量时不小心、不耐心、不仔细等引起的读数、记录或错误计算而造成粗大误差。

② 客观外界条件原因。由于计量条件意外改变（例如机械冲击、外界振动等）引起仪器示值变化、计量条件变动等。

（2）粗大误差剔除准则

① 3σ 准则。该准则也称莱以特准则，是最常用的也是最简单的判别粗大误差的准则，它以测量次数充分大为前提，但是通常测量次数都比较少，因此 3σ 准则只是一个近似的准则。σ 是计量列的标准差。

$$\sigma = \sqrt{\frac{1}{n-1}\sum_{i=1}^{n}v_i^2}$$

当 $n \leqslant 10$ 时，3σ 准则不能剔除任何异常值。也就是说，测量次数小于 10 时，不能使用 3σ 准则。

② 格罗贝斯（Grubbs）准则。该准则是在确认测量值亦即误差服从正态分布的前提下，利用格罗贝斯统计量来判别异常值是否为可疑值的准则。利用格罗贝斯准则每次只能剔除一个可疑值，需要重复进行判别，直到无粗大误差的测量值为止。

格罗贝斯准则克服了 3σ 准则的缺陷，在概率意义上给出了较为严谨的结果，被认为是比较好的判断准则。

③ 狄克松（Dixon）准则。3σ 准则、格罗贝斯准则以及后面要介绍的肖维勒准则和罗曼诺夫斯基准则都需要先算出标准差，应用时较为麻烦，狄克松准则避免了计算标准差。

当使用狄克松准则剔除一个数据后，应按剩余顺序量，重新计算统计量，再检验另一可疑数据，直到无粗大误差为止。

④ 罗曼诺夫斯基准则。当测量次数较少时，按 t 分布的实际误差分布范围来判别粗大误差较为合理，因此罗曼诺夫斯基准则又称为 t 校验准则。它的特点是首先剔除一个可疑的测量值，然后按 t 分布检验被剔除的测量值是否含有粗大误差。

⑤ 肖维勒（Chauvenet）准则。该准则也是以正态分布为前提的。假设多次重复测量所得 n 个测量值中，某数据的残余误差满足 $|v_i| > Z_c\sigma$，则剔除此数据。实用过程中，当测量次数 $n \leqslant 185$ 时，$Z_c < 3$，这在一定程度上弥补了 3σ 准则的不足。

（3）几种粗大误差剔除准则的比较

3σ 准则方法简单，不需要查表，用起来方便，在测量次数较多或要求不高时可以使用。

肖维勒准则是经典方法，过去应用较多，但它没有固定的概率意义，特别是当 $n \to \infty$ 时，该准则失效，也就是说，在测量次数多时不好用。

格罗贝斯准则、狄克松准则和 t 检验准则给出了较严格的结果。对测量次数较少而要求较高的测量列，应用这三种准则。其中，格罗贝斯准则的可靠性高，通常测量次数 $n = 20 \sim 200$ 时，其判别效果较好；当测量次数很少时，可采用 t 检验准则；若要从测量列中迅速判别出含有粗大误差的测量值，则可采用狄克松准则。

3. 最小二乘法

最小二乘法作为实验数据处理的一种基本方法，给出了数据处理的一条准则——在最小二乘法意义下获得的最佳结果（或最可信赖值）应使残差平方和最小。

（1）最小二乘法原理

最小二乘法是指计量结果的最佳值（用 x_0 表示），应使它与所得值差的平方和最小，即

$$\sum_{i=1}^{n}p_i(x_i - x_0)^2 = \sum_{i=1}^{n}p_iv_i^2 = \min$$

这就是最小二乘法的基本原理。

（2）最小二乘法求直线

在计量工作中，经常要寻求表征两个量的直线关系的问题。这时，只要找到表征两个量的关系直线后，就可以只测一个量，而另一个量按已找到的关系算出来。最小二乘法是求线性经验公式中常用的方法。

若两个量 x、y 有线性关系 $y = ax + b$，则当对它们独立等精度测得 n（$n \geqslant 2$）对数据 (x_1, y_1)，(x_2, y_2)，$\cdots$，(x_n, y_n) 时，根据最小二乘法的基本原理，可求得

$$b = \frac{1}{n}\left(\sum_{i=1}^{n} y_i - a \sum_{i=1}^{n} x_i \right) = \overline{y} - a\overline{x}$$

$$a = \frac{n\sum_{i=1}^{n} x_i y_i - \sum_{i=1}^{n} x_i \sum_{i=1}^{n} y_i}{n\sum_{i=1}^{n} x_i^2 - \left(\sum_{i=1}^{n} x_i\right)^2} = \frac{\sum_{i=1}^{n} x_i y_i - n(\overline{x}\,\overline{y})}{\sum_{i=1}^{n} x_i^2 - n(\overline{x})^2}$$

从上面的结果可以看出用最小二乘法求出的直线一定通过全部实验点的点系中心 $(\overline{x}, \overline{y})$ 这一点。

附录三 YDD-1型多功能材料力学试验机操作规程

- 本试验机为精密、大型设备，在使用前请一定仔细阅读本指南。
- 本设备为十万元以上设备，任何人开机前需经过专门负责人的允许。

加载前准备

- 确认计算机开启，并运行试验机相应软件，且要引入正确的标准实验项目。
- 确认试验机夹头（无论是在拉、压、弯、扭、弯扭组合等任一状态下）间无构件或构件上受载荷为零。
- 引入标准实验项目后要进行运行参数的检查，拉、压上、下限载荷为 +40kN 和 -40kN，弯曲和弯扭组合均为上、下限载荷 +8kN 和 -8kN，测 E、μ 上、下限载荷为 +70kN 和 -8kN。
- 参数设定标准不得随意修改，否则可能使实验失败或设备损坏。

拉伸加载的操作顺序

以拉伸为例，压缩、弯曲、弯扭组合、测 E、μ 与之相似。
- 首先检查确认进油阀和溢油阀在关闭位置（顺时针旋到底）。
- 按下油泵启动按钮。
- 按下拉伸下行按钮。
- 慢慢开启进油阀至一定角度（不得大于 30°），耐心等待，仔细观察软件运行窗口中的载荷数值，当构件不再自由后，载荷的数值即发生变化。注意，当构件自由时，载荷一直为零或为一个很小的数值，此时一定不能不断增加进油阀开启的角度！角度太大，会引起加载速度过快，使实验失败甚至损坏设备！
- 待看到载荷加上后，可根据实验的需要适当改变进油阀的开启角度，以达到适当的加载速度。

加载结束后的卸载操作

- 关闭进油阀（顺时针旋到底）。
- 慢慢打开溢油阀，直到载荷指示接近于零或为零。
- 关闭溢油阀。
- 按下拉压停止按钮。
- 按下油泵停止按钮。

特别强调

- 开机后，无紧急情况不得随意关闭电源！
- 不得在不开启相应运行软件时进行任何加载操作！
- 不得在未开溢油阀的情况下按加载停止或油泵停止按钮！

• 使用人在使用后，需经负责人验收确认完好后进行使用登记，登记内容中必须包括验收情况。

• 学生实验中，指导教师必须全程跟随，确保设备的安全运行。

• 对违反设备操作规程造成事故者，按学校相关规定处理。

YDD-1 型多功能材料力学试验机使用说明书

一、概述

YDD-1 型多功能材料力学试验机是针对《材料力学》实验教学开发的，能够完成《材料力学》教学大纲规定的基本实验。包括典型材料的拉压实验、测定材料弹性模量和泊松比的实验、扭转实验、弯曲正应力电测实验、弯扭组合正应力电测实验、等强度梁电测实验、压杆稳定实验等。其主机部分完成对试件的加载，并设置相应的传感器将被测物理量转化为电参量，数据采集部分完成对测试数据的实时记录、显示并按要求格式保存。主机部分分别由液压油缸和电机减速系统提供拉、压力和扭矩。

二、技术指标

体积（长×宽×高）：1100mm×700mm×1680mm。

质量：1000kg。

最大拉伸荷载：100kN。

最大压缩荷载：150kN。

准确度：1 级。

三、机构原理

本试验机由加载机构、传感装置及数据采集与处理部分组成。加载机构是指完成对试件进行装夹、加载的所有相关机构的总称，称为主机；传感装置是指将被测物理量以电信号形式向外传输的各类传感器的总称；数据采集与处理部分是指对各类传感器输出的电信号进行预处理、采集、保存、分析的装置，硬件部分包括 YDD-1 数据采集分析系统和微型计算机。具体组成如附图 3-1 所示。

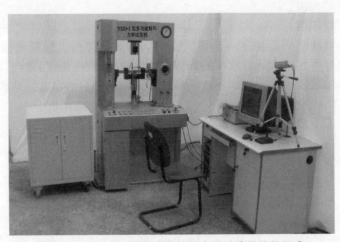

附图 3-1　YDD-1 型多功能材料力学试验机整机组成

1. 加载机构

提供最基本的拉、压、扭三种加载形式，其他加载形式如弯曲、弯扭组合等均由基本加载形式通过相应的装置转换生成。拉、压加载由液压油缸提供，扭转加载由电机带动减速器提供。

加载机构包括机架、动力装置、装夹装置及控制装置等。控制装置包括电气及液压控制，设有电源开关控制、紧急停止控制、油缸活塞杆上下行方向控制、油缸活塞杆上下行限位控制、油缸活塞杆上下行限位自动反向控制、油缸活塞杆上下行速度控制、油缸压力控制、扭转启停控制等。

2. 传感装置

传感装置采用各种类型的传感器将各种非电量转化成电量来测量，包括拉、压力传感器，油缸活塞杆位移传感器，扭矩传感器，转角光电编码器，应变计等。

3. 数据采集与处理部分

数据采集与处理部分采用前置机与后台计算机相结合的方式。前置机为 YDD-1 数据采集分析系统，设置八个通道，每个通道均可对应变、电压、电脉冲信号进行测量，且可设置不同的比例系数、常量等，以适应不同类型、不同系数的被测量，并实时将测得数据传输给计算机，计算机则利用其强大的运算功能对采集的信号进行后续处理，可同时以实时曲线、X-Y 函数曲线、棒图等显示测量结果，并可以转化成多种格式的数据文件。

为方便双向加载的自动转换及确保实验的安全，设置了通道上、下限报警功能，可任选一通道的数据作为报警通道，当被测数据达到报警值时，油缸活塞杆会停止或自动反向运行。

四、使用方法

1. 试件准备

不同的实验对试件有不同的要求，以利于反映材料在该受力状态下的力学性能，合理的试件形状及相应的标记是完成实验的前提。

2. 试件参数测量

测量被测试件与该实验有关的原始数据，并做好记录。

3. 压力调定

对于非破坏性实验，如弯扭组合实验、纯弯梁实验等为防止由于学生误操作导致的试件损坏，必须将系统的压力调至安全范围内。首先根据不同的实验需要计算安全荷载大小，并计算系统油压。拉伸时每 1MPa 的压力产生 8.5kN 的拉力，压缩时每 1MPa 的压力产生 11kN 的压力。如弯扭组合实验极限承载力不超过 15kN，为保证试件及实验设备的安全，应将液压系统的压力调至（15/8.5≈）2MPa。

调整时，打开进油阀至常用位置，轻轻关闭回油阀，将油缸上行或下行至极限位置，调节回油阀开口的大小，将压力表的读数调至指定值，如 2MPa。保持回油阀的位置不动，调整油缸活塞杆至指定实验位置，进行试件安装。实验过程中若发现荷载不足或过大，可轻轻旋紧或旋松回油手轮，以调整系统的压力，但调节过程要缓慢进行，并确保在调节过程中，进油手轮处于打开的位置，因为只有在进油手轮处于打开位置时，压力表指示的压力才是真正的系统压力。

4. 采集设置

采集准备包括：采集设备的准备、传感器的连接、采样参数的设置、通道参数的设置、窗口参数（数据显示方式）的设置等。在试件处于非受力状态下，进行平衡及清零处理，确认满足要求后启动数据采集。

采样参数的设置包括加载类型的选择（拉压/扭转）、采样频率的选择、实时压缩时间的选择、报警通道及参数的选择。其中，报警通道及参数的选择对于保证实验的安全，提高实验的自动化程度有着重要的作用。报警时，采集设备会输出一开关量，用于控制油缸停止或反向运行。

5. 限位设定

本试验机设置了非接触式的上、下行限位开关，动作距离为 4mm。调整时应缓慢加载至要求值，然后设置相应的限位开关，调试至动作无误后方可进行试验。

6. 加载测试

不同的试验加载类型各不相同，但基本的加载方式仅为拉、压及扭转。在门式框架内相对于上横梁而言，油缸活塞杆下行便产生拉的趋势，油缸活塞杆上行便产生压的趋势。相对于扭转定端，当扭转电机启动后便产生扭转的趋势。所以对试件加载的控制过程实际上是控制油缸活塞杆上、下运行及扭转电机启动、停止的过程。

（1）拉、压加载

确定油缸活塞杆上、下行状态的控制元素有油缸活塞杆运行方向、油缸活塞杆运行速度、油缸的油压、上行最大位置、下行最大位置、限位报警后是否自动换向等。对应电气及液压控制件为"压缩上行"按钮、"拉伸下行"按钮、"加载停止"按钮、"油泵启动"按钮、"油泵停止"按钮、进油控制手轮、压力控制手轮、上行限位器、下行限位器、"自控启动"按钮、"自控停止"按钮。

各电气及液压控制元件的具体功能如下。

"压缩上行"按钮：无论活塞杆当前是停止还是下行状态，按下该按钮，油缸活塞杆运行时都将向上运行。

"拉伸下行"按钮：无论活塞杆当前是停止还是上行状态，按下该按钮，油缸活塞杆运行时都将向下运行。

"加载停止"按钮：按下此按钮，正在运行的油缸活塞杆将停止运行；同时正在扭转的电机将停止。

"油泵启动"按钮：按下此按钮，油泵启动。

"油泵停止"按钮：按下此按钮，油泵停止。

进油控制手轮：控制油缸活塞杆上、下行的速度，逆时针旋转加载速度加快，顺时针旋转加载速度减慢，直至关闭。

压力控制手轮：控制拉、压油缸的最大油压，向外旋转压力增大，直至关闭压力最大；向内旋转压力减小。

上行限位器：油缸活塞杆上行限位，动作效果同"加载停止"按钮，同时报警指示灯亮。

下行限位器：油缸活塞杆下行限位，动作效果同"加载停止"按钮，同时报警指示灯亮。

"自控启动"按钮：按下此按钮，油缸活塞杆运行限位动作后自动转换运行方向。例如，当上行限位器动作后，油缸活塞杆自动下行，反之亦然。

"自控停止"按钮：按下此按钮，所有自动控制功能停止。

（2）扭转加载

确定扭转加载的控制元素有扭转方向、扭转启停等。对应电气及液压控制件为"正向扭转"按钮、"反向扭转"按钮、"加载停止"按钮。

各电气控制元件的具体功能如下。

"正向扭转"按钮：按下此按钮，扭转电机正向（逆时针）扭转加载。

"反向扭转"按钮：按下此按钮，扭转电机反向（顺时针）扭转加载。

"加载停止"按钮：按下此按钮，正在扭转的电机将停止；同时正在运行的油缸活塞杆将停止运行。

附录四　电阻应变片及电测量原理简介

电测法就是将电阻应变片（以下简称应变片）牢固地粘贴在被测构件上，当构件受力变形时，粘贴在构件上的应变片随粘贴点处的材料一起变形，应变片的电阻值将随之发生相应的改变。通过电阻应变测量装置（即电阻应变仪，以下简称应变仪），将应变片电阻值的改变测量出来，并换算成应变值指示出来（或用记录仪器记录下来）。

一、电阻应变片

要测量附图 4-1 所示构件上某点 K 沿某一方向 x 的线应变，可在构件受载前，在该点沿 x 方向粘贴一根长度为 l、截面积为 A、电阻率为 ρ 的金属丝。由物理学中的电学知识可知，该金属丝的电阻为

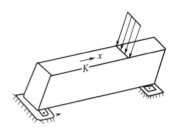

$$R = \rho \frac{l}{A} \qquad\text{（附 4-1）}$$

附图 4-1　构件

构件受载后，由物理学中的电阻应变效应，在该点、该方向产生应变 $\dfrac{\mathrm{d}l}{l}$ 的同时，金属丝的电阻值也将随之发生相对变化 $\dfrac{\mathrm{d}R}{R}$。为求得电阻变化率 $\dfrac{\mathrm{d}R}{R}$ 与应变 $\dfrac{\mathrm{d}l}{l}$ 之间的关系，可将式（附 4-1）等号两边先取对数后再微分，即

$$\ln R = \ln \rho + \ln l - \ln A$$

$$\frac{\mathrm{d}R}{R} = \frac{\mathrm{d}\rho}{\rho} + \frac{\mathrm{d}l}{l} - \frac{\mathrm{d}A}{A} \qquad\text{（附 4-2）}$$

式中，$\dfrac{\mathrm{d}l}{l}$ 为金属丝的纵向线应变，$\dfrac{\mathrm{d}A}{A}$ 表示金属丝长度变化时，由于横向效应而造成的截面的相对改变。对于圆截面直径为 D 的金属丝来说，若对其横截面面积的计算式

$$A = \frac{\pi D^2}{4}$$

的两端先取对数再微分，则有

$$\frac{\mathrm{d}A}{A} = 2\frac{\mathrm{d}D}{D}$$

根据纵向线应变 $\varepsilon = \dfrac{\mathrm{d}l}{l}$ 与横向线应变 $\varepsilon' = \dfrac{\mathrm{d}D}{D}$ 之间的关系 $\dfrac{\mathrm{d}D}{D} = -\mu\dfrac{\mathrm{d}l}{l}$ 就可得出

$$\frac{\mathrm{d}A}{A} = -2\mu\frac{\mathrm{d}l}{l} \qquad\text{（附 4-3）}$$

式中，μ 为金属丝材料的泊松比。

$\dfrac{\mathrm{d}\rho}{\rho}$ 表示金属丝电阻率的相对变化，目前与实验结果较为相符的解释认为，金属丝电阻率的变化率与其体积变化率 $\dfrac{\mathrm{d}V}{V}$ 之间呈线性关系，即

$$\frac{\mathrm{d}\rho}{\rho} = m\frac{\mathrm{d}V}{V}$$

由材料力学可知，在单向应力状态下

$$\frac{\mathrm{d}V}{V}=(1-2\mu)\frac{\mathrm{d}l}{l}$$

因而有

$$\frac{\mathrm{d}\rho}{\rho}=m(1-2\mu)\frac{\mathrm{d}l}{l} \tag{附 4-4}$$

式中，m 为与金属丝材料及其加工方法有关的常数。将式（附 4-3）和式（附 4-4）代入式（附 4-2），得

$$\frac{\mathrm{d}R}{R}=[(1+2\mu)+m(1-2\mu)]\frac{\mathrm{d}l}{l}$$

将常数 $(1+2\mu)+m(1-2\mu)$ 记为 K，得

$$\frac{\mathrm{d}R}{R}=K\varepsilon \tag{附 4-5}$$

式中，K 为材料的灵敏系数。

从式（附 4-5）中可以看出，为了能精确地测读出 ε，希望 $\mathrm{d}R$ 尽可能大，这就要求 R 尽可能大，亦即要求金属丝尽可能长。此外，在进行应变测量时，需对金属丝加一定的电压，为防止电流过大，产生发热乃至熔断，也要求金属丝较细长，以获得较大的电阻值 R。但从测量构件应变的角度来看，却又希望金属丝这一传感元件尽可能小，以便较准确地反映一点的应变情况。解决这一矛盾的措施，就是用电阻应变片（附图 4-2）作为传感元件。

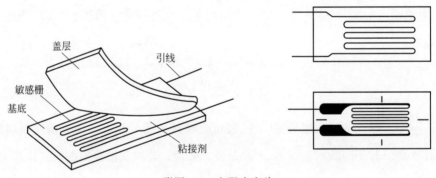

盖层
引线
敏感栅
基底
粘接剂

附图 4-2　电阻应变片

应变片的基本参数：标距 l、宽度 a、灵敏系数 K 及参考电阻值，一般生产单位在出厂前已标定好。

由于构件的应变是通过电阻应变片的电阻变化来测量的，所以电阻应变片要用特种胶水牢固地粘贴于待测部位，以保证它能可靠地随同构件变形，并要求应变片与构件之间有良好的绝缘。

二、电阻应变仪的测量原理

根据前述可知，应变片的作用是将应变转换成应变片的电阻变化。但是，在构件的弹性变形范围内，这个电阻变化量是很小的。例如，测一弹性模量 $E=200\mathrm{GPa}$ 的钢制试件的应力，若要求测量能分辨出 2MPa 的应力，设应变片的电阻 $R=120\Omega$，$K=2.00$，则根据式（附 4-5）有

$$\Delta R=RK\varepsilon=RK\frac{\sigma}{E}=0.0024\Omega$$

这表明，要求测量电阻的仪器能分辨出 120Ω 和 120.0024Ω。这是一般测量电阻的仪器所不能达到的。因此，必须使用为此目的专门设计的仪器——电阻应变仪。

从应用的角度来看，电阻应变仪实质上是由两个惠斯登电桥组成的，一个称为测量电

桥，另一个称为读数电桥，如附图 4-3 所示。

若测量电桥的桥臂电阻 R_1 和 R_2 由外接的电阻应变片来充当，而 R_3、R_4 采用测量电桥内部的固定电阻，则这种测量电桥的接线方法称为半桥法；若四个桥臂电阻全部由外接的电阻应变片充当，则称为全桥法。

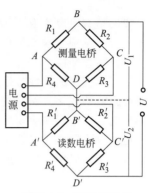

现将测量电桥桥路的工作原理简述如下。在附图 4-3 中，当在 A、C 间接上电压为 U_{AC} 的电源时，B、D 间的输出电压为

$$U_{BD} = \frac{R_1 R_3 - R_2 R_4}{(R_1 + R_2)(R_3 + R_4)} U_{AC} \qquad (附 4\text{-}6)$$

如果电桥处于平衡，则 B、D 间的输出电压为零，即 $U_{BD} = 0$，代入式（附 4-6）得

附图 4-3　应变仪电桥

$$R_1 R_3 = R_2 R_4$$

该式即为电桥平衡的条件。

显然，如果 $R_1 = R_2 = R_3 = R_4$ 或者 $R_1 = R_2$ 和 $R_3 = R_4$，则测量电桥便可处于平衡状态。然而，要求四个桥臂电阻的阻值都绝对相等，事实上是不可能的。所以仅靠四个桥臂电阻构成的电桥是难以实现电桥平衡的，必须设置辅助平衡电路，如附图 4-4 所示。在 AB、BC 两桥臂间并联一个多圈电位器 W，调节该电位器，使这两个桥臂的阻值有一定范围的连续改变，以找到满足平衡条件的触点。

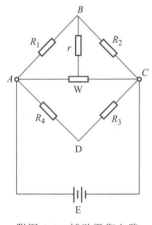

现在假定四个桥臂电阻都是外接的应变片（即全桥法），且已预先调至初始平衡状态。当其受到应变后，设各桥臂分别产生了微小的电阻增量 ΔR_1、ΔR_2、ΔR_3、ΔR_4，这时测量电桥的输出电压，由式（附 4-6）知应为

$$U_{BD} = \frac{X}{Y} U_{AC} \qquad (附 4\text{-}7)$$

其中

$$X = (R_1 + \Delta R_1)(R_3 + \Delta R_3) - (R_2 + \Delta R_2)(R_4 + \Delta R_4)$$

$$Y = [(R_1 + \Delta R_1) + (R_2 + \Delta R_2)][(R_3 + \Delta R_3) + (R_4 + \Delta R_4)]$$

附图 4-4　辅助平衡电路

展开式（附 4-7），利用电桥平衡条件 $R_1 R_3 = R_2 R_4$，略去高次项以及考虑到在一般应变范围内，输出电压和电阻变化率的非线性误差较小，故略去其非线性项，这样式（附 4-7）便可化简为

$$U_{BD} = \frac{U_{AC}}{4}\left(\frac{\Delta R_1}{R_1} - \frac{\Delta R_2}{R_2} + \frac{\Delta R_3}{R_3} - \frac{\Delta R_4}{R_4}\right) \qquad (附 4\text{-}8)$$

利用式（附 4-5），式（附 4-8）可写为

$$U_{BD} = \frac{U_{AC} K}{4}(\varepsilon_1 - \varepsilon_2 + \varepsilon_3 - \varepsilon_4) \qquad (附 4\text{-}9)$$

式中，ε_1、ε_2、ε_3、ε_4 为构件在四个应变片粘贴处的相应应变。

式（附 4-8）和式（附 4-9）是电阻应变仪的基本关系式。它表明各桥臂电阻的相对增量（或应变 ε）对电桥输出电压的影响是线性叠加的，但叠加的方式是，相邻桥臂符号相异，相对桥臂符号相同。

由式（附 4-9）可得应变仪的读数应变为

$$\varepsilon_d = \frac{4U_{BD}}{U_{AC}K} = \varepsilon_1 - \varepsilon_2 + \varepsilon_3 - \varepsilon_4 \qquad \text{(附 4-10)}$$

如果贴有应变片 R_1 的测点发生应变 ε_1，其余桥臂没有任何应变，即 $\varepsilon_4 = \varepsilon_2 = \varepsilon_3 = 0$，故 $\varepsilon_d = \varepsilon_1$，从应变仪刻度读出的数值就是 ε_1。

三、温度补偿

贴有应变片的构件总是处在某一温度场中的。当该温度场的温度发生变化时，就会造成应变片阻值的变化；而且当应变片电阻栅粘接剂的线胀系数与构件材料的线胀系数不同时，应变片就会产生附加应变。这种现象称为温度效应。

温度效应造成的电阻相对变化是较大的。严重时，每升温 1℃，应变仪的指示应变可达几十微应变。显然，这是虚假的非被测应变，必须设法排除。消除温度效应的措施，称为温度补偿。

温度补偿较简易的方法是，将一片规格、材料及灵敏系数与工作应变片 R_1（即贴在构件待测点上的应变片）完全相同的应变片 R_2（称为温度补偿片）粘贴在一块与被测构件材料相同但不受力的试样上（或直接粘贴在构件上不受力而离被测点又较近的部位），并将此试样放在离被测点尽可能接近的位置（处于同一温度场）。用同一长度、规格的导线，按相同的走向接至应变仪，连成半桥电路，并使工作应变片与温度补偿片处于相邻的桥臂。这时，工作应变片的应变为

$$\varepsilon_1 = \varepsilon_N + \varepsilon_T$$

温度补偿片与工作应变片处于相同温度变化的环境中，但不受力，因此只有温度的应变，即

$$\varepsilon_2 = \varepsilon_T$$

由于是半桥连接，故 $\varepsilon_3 = \varepsilon_4 = 0$，由式（附 4-10）可知，从测量电桥上测得的应变为

$$\varepsilon = \varepsilon_1 - \varepsilon_2 + \varepsilon_3 - \varepsilon_4 = (\varepsilon_N + \varepsilon_T - \varepsilon_T) = \varepsilon_N$$

于是，从应变仪的应变指示器上读得的数值就只是工作应变片 R_1 所在测点处受力作用所产生的应变，从而自动消除了环境温度变化对测量结果的影响。

附录五 uT7110Y 液晶屏高速静态应变仪使用说明书

一、主要技术指标

① 显示：液晶屏显示。

② 测点数：10 点；可以设置成 10 点静态测试，或者 9 点静态、1 点测力。

③ 量程：$0 \sim \pm 30000 \mu\varepsilon$。

④ 分辨率：$0.1\mu\varepsilon$。

⑤ 测量误差：$\pm 0.01\%$ FS $\pm 0.5\mu\varepsilon$。

⑥ 平衡范围：$0 \sim \pm 20000\mu\varepsilon$。

⑦ 应变阻值：$60 \sim 1000\Omega$。

⑧ 桥路形式：全桥、半桥、1/4 桥（公共补偿）、三线制 1/4 桥、二线制 1/4 桥（无温度补偿），桥路混合设置，1/4 桥路不用短接片，完全消除了热电势影响。

⑨ 供桥电压：2V DC。

⑩ 采样速率：0.25s 采完 10 点应变值；高精度采样 5s 采完 10 点。

⑪ 动态测试：每 10 点（每台应变仪）中任取一点，可以作为动态数据采集，采样频率有 256Hz、200Hz、100Hz、50Hz、20Hz、10Hz、5Hz、2Hz、1Hz 可选。

⑫ 电源：交流电 120～220V AC；直流电 9～72V DC。

⑬ 其他功能：高精度电阻测量；桥路连接错误检测；数据本地海量存储与导出；每个测点自由选择测量信号（应力、应变、力、位移等信号），液晶屏上设置；断电重连，计算机工作状态，仪器自动保存参数设置，如果发生断电，来电时自动从断电状态继续采集。

二、仪器介绍

应变仪 uT7110Y 静态应变仪外观如附图 5-1 所示。

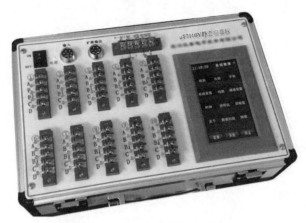

附图 5-1 uT7110Y 静态应变仪外观

1. 仪器简述

仪器具有 10 个测点，且内置了由精密低温漂电阻组成的内半桥，同时又提供了公共补偿片的接线端子，故每个测点都可通过不同的组桥方式组成全桥、半桥、1/4 桥（公共补偿片）的形式。

仪器还可连接应变式传感器测量力、位移等物理量，连接热电偶进行温度测量。为了适应工业现场的供电要求，本仪器采用交、直流供电方式，同时还可以通过通信电缆对短距离的其他仪器直接供电。

2. 面板说明

电源插座、航空插座如附图 5-2 所示。

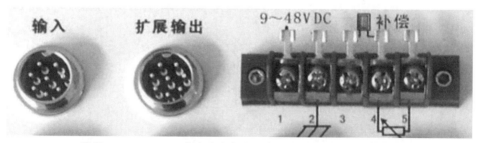

附图 5-2 uT7110Y 静态应变仪电源插座及输入/输出航空插座

仪器供电方式有直流供电和通信电缆供电两种。外接直流供电：当采用直流供电时，外接直流电源电压在 9～72V 之间。电缆供电方式是指直接由电缆供电，而不需外接直流电源。例如，当两台 uT7110Y 应变仪相距在 200m 之内时，其中一台可供直流电，而另一台可通过电缆供电而无需外部电源。

本仪器可以测试电阻大小，测量电阻范围为 0～1000Ω。

3. 测点端子

10 个测点（测点端子①～⑩），按照桥路连接示意图连接应变片组桥。A、C——2V 桥压端；B、D——信号输入端；最后一个端子为公共补偿片端子（附图 5-3）。

附图 5-3　uT7110Y 静态应变仪测点端子

三、使用方法

1. 系统连接

uT7110Y 静态应变测试系统由计算机、uT71USB485 主控器、uT7110Y 静态应变仪组成，如附图 5-4 所示。

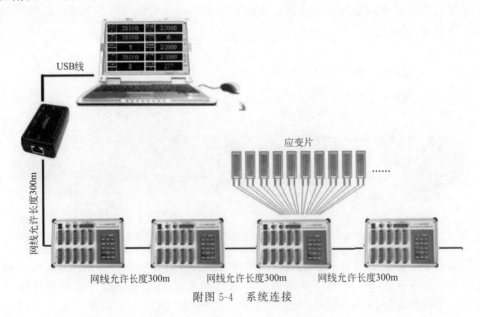

附图 5-4　系统连接

① 系统中各仪器之间可直接通过电缆连接，且电缆通用。

② 为保证系统可靠工作，计算机至 uT71USB485 主控器之间的 USB 线不要超过 5m，

主控器到 uT7110Y 之间的连线不得超过 300m。uT7110Y 和 uT7110Y 之间的 RS485 总线长度不得超过 300m，但累计长度不受限制。

③ 供电方式，当测量系统中有多台 uT7110Y 连接使用时，给第一台 uT7110Y 供电，下游各应变仪都能得到电源。如果发现下游某台设备开始工作不正常，说明电源电压已经下降到 9V 以下，这时再给该应变仪供电，该应变仪下游各应变仪都能得到电源。

2. 打开电源

打开应变仪的电源，使每个 uT7110Y 的液晶屏点亮。

3. 运行 uT7110Y 控制软件

点击桌面上 图标，运行系统软件。软件启动后，如果设备驱动程序都已经安装好，在窗口内可以看到"uT7110Y"这个设备，新建一个工程，选择"通用采集"，选好文件保存路径，点击"确定"，新建工程完成，如附图 5-5 所示。

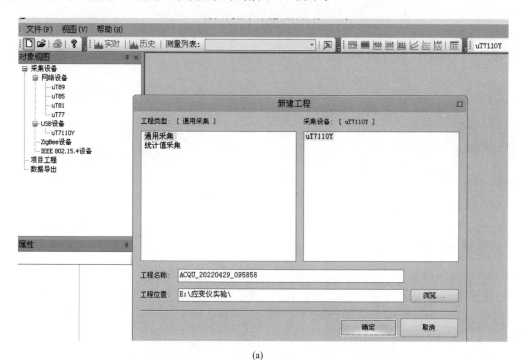

(a)

(b)

附图 5-5 新建一个工程

4. 参数设置

新建工程完成后,点击工具栏中的参数设置 按钮,弹出参数设置对话框。则可对该采集设备进行相关设置,主要包括采集控制、通道参数、应变应力。

首先点击"采集控制",选择采样频率。采样频率范围和设备有关,根据设备的内部参数确定,如附图 5-6 所示。

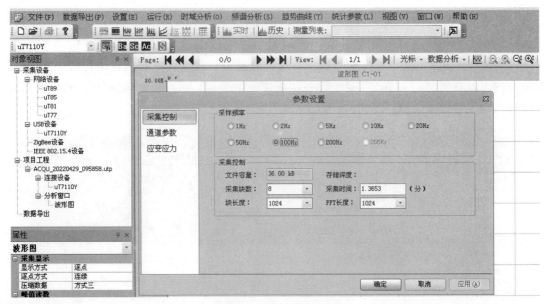

附图 5-6 采样频率选择

其次选择"通道参数",应变仪一共 10 个测点,应变片接在哪个通道上,就选择哪一个;"通道类型"根据实际需要选择,如附图 5-7 所示。

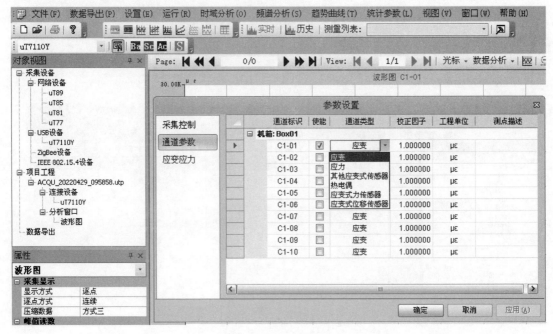

附图 5-7 通道参数选择

　　然后选择"应变应力"，如果通道类型里选择"应变"，在这里就要对"桥路"进行选择。具体方法是，在"桥路"参数里，如果通道1选择半桥方式，双击表头，那么这一列全部变成了半桥方式。"应变片贴法"选择，根据实际情况选择方式（例如在动态测量时，时间比较短，环境温度影响比较小，就选择方式二；如果长期进行动态测量，就要选择带公共补偿的方式一）。方式选择好后，双击表头，所有通道变成同样的方式。片阻、线阻、灵敏系数根据实际情况选择，如附图5-8所示。

附图5-8　应变应力参数选择

　　参数设置完成后，点击"应用"和"确定"。

　　最后点击工具栏上的 **Ba** 平衡按钮，如附图5-9所示。平衡完成后，点击工具栏 **Sc** 示波按钮，开始示波。示波主要是通过检测采集信号是否正确来判断设备能否工作正常。如果没有问题，波形稳定后，便可进行数据采集。点击工具栏上 **Ac** 采集按钮，每采集完一次就会生成一个测量文件。采集结束，点击"停止"按钮，得到所需波形。

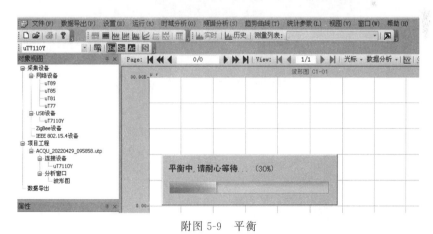

附图5-9　平衡

　　导出波形图，在图形区域点击右键，根据提示导出该通道所有数据，如附图5-10所示。

　　多个采集通道或者多个仪器的数据合并导出时，点击左侧栏目里的"项目工程"处，点击右键，在弹出的菜单里选择"UTE文件合并导出"，这时可以给文件命名并保存，方便日后进行数据分析（附图5-11和附图5-12）。

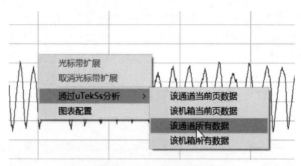

附图 5-10 数据导出

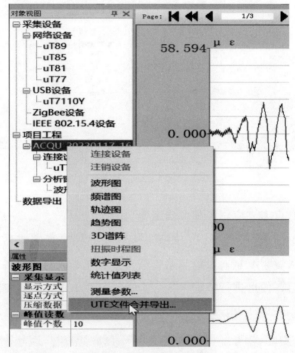

附图 5-11 文件合并导出一

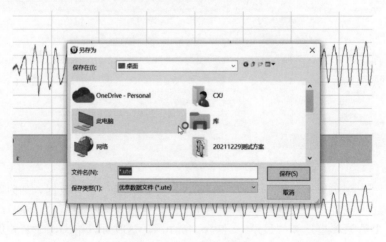

附图 5-12 文件合并导出二

四、注意事项

所有通信接口支持有条件热插拔，在连接数据通信线时，确认在关闭电源情况下操作。

附录六　LLWIN 软件

LLWIN 软件是 Fischer 公司自主开发的在 Windows 环境下使用，专门用于 Fischer Technik 创意组合模型的控制软件，通过该软件可以根据所需要的动作过程，按照设计思路编写程序，从而满足人们对创意组合模型各种控制要求进行程序设计的需要。LLWIN 软件具有简单、直观、易学易用等特点，它以交互图形方式，对创意组合模型控制进行实时监控、编辑、修改和显示。在编程的过程中，可以进一步提高学生编程、逻辑、计算、修改及调试等各方面能力。

一、软件的安装

将软件光盘放入光驱，双击 Setup，根据提示进行安装。

二、用户界面及常用命令

LLWIN 软件安装成功后，双击桌面的图标或者在 Windows 开始菜单中单击 LLWIN 软件，打开编程软件。LLWIN 软件界面的最上方为该软件的 7 个基础菜单命令（附图 6-1）：项目（Project）、编辑（Edit）、子程序（Subprogram）、运行（Run）、选项（Options）、窗口（Windows）以及帮助（?）。

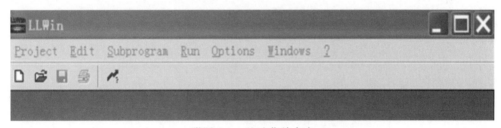

附图 6-1　基础菜单命令

1. 设定计算机端口

RS232 串口一端连接计算机的串口（COM1 或 COM2），另一端与智能接口板的接口相连，然后将 9V 直流电源的插头插入电源接口即可。连好后，在主菜单中选择"Options"，然后选中"Setup Interface"来设定计算机和智能接口板的参数，如附图 6-2 所示。

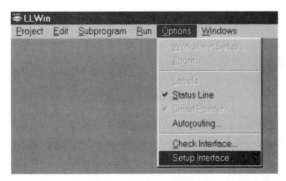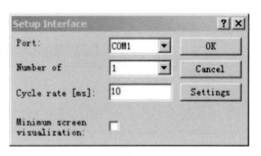

附图 6-2　设定计算机和智能接口板参数

在"Port"栏中可以选择连接智能接口板的端口，如果选择"none"，表示程序脱离智能接口板，只能在计算机上仿真运行。"Number of"中可以设置外接智能接口板的数量，最多为两块。"Cycle rate"可以设定运行一个模块所需的时间，默认为10ms。

端口设定好后，单击右边的"Settings"按钮，将出现附图 6-3 所示的窗口，显示该串口的参数。"Parameter"用于设定检测模拟量多少次后刷新智能接口板，默认值为 10。

2. 检查界面

当参数设定完成后，点击"Options"菜单栏下的"Check interface"（附图 6-4），则出现附图 6-5 的检查界面。

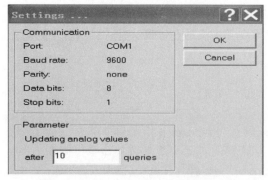

附图 6-3　设定智能接口板的刷新间隔

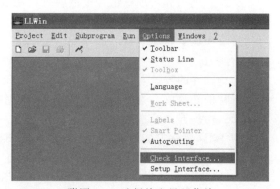

附图 6-4　选择检查界面菜单

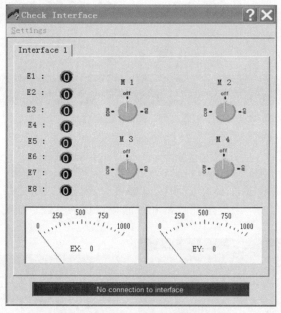

附图 6-5　检查界面

检查界面主要显示下列内容。

① 连接状态条：状态条共有三种状态"No connection to interface"表示计算机端口与接口板之间没有正确连接，状态条变红，需要检查智能接口板的电源和串口的设置有无问题。"Simulation mode"表示接口板设置时，未选择计算机端口，处于仿真模式。"Connection to interface O. K"表示计算机接口与接口板之间已正确连接，可测试各元器件。

② E1～E8 为数字量输入信号指示，当有信号接通时，圆形指示灯变为绿色，同时圈内数字变为 1。

③ M1～M4 四路输出，分别控制输出设备，左键点击按钮为逆时针方向转动（ccw），右键点击按钮为顺时针方向转动（cw）。

④ EX 和 EY 为两路模拟量输入显示，可将模拟量自动转换成数字量，其范围为 0～1024。

三、LLWIN 软件的使用

1. LLWIN 软件用户界面的组成

用户界面是软件与用户进行信息交流的中介，软件通过界面反映当前的信息状态或将要执行的操作，用户按照界面提供的信息作出判断，并经输入设备进行下一步操作，用户界面是人机对话的桥梁。LLWIN 软件用户界面主要由菜单栏、工具条、绘图区、工具箱等组成，如附图 6-6 所示。

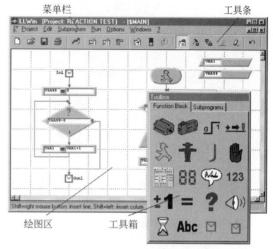

附图 6-6　用户界面

2. 建立新程序

打开"Project"菜单，点击"New"命令，产生"New Project"对话框，如附图 6-7 所示。选择"Empty Project"，可以新建一个空白的项目，右侧输入文件的名称并选择存储的路径后，单击"OK"即可。此外，LLWIN 软件还带有移动机器人和工业机器人的模板程序，以便对不同的机器人进行程序设计。执行该命令后自动生成附图 6-8 所示的工作界面，自动生成 START 模块，即可开始编写程序。

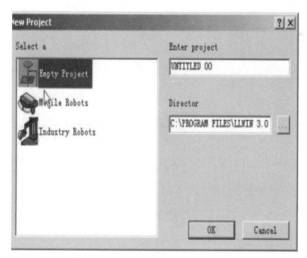

附图 6-7　"New Project"对话框

四、工具箱

在 LLWIN 程序中，工具箱（Toolbox）中的模块分为功能模块和程序模块两部分，如附图 6-9 所示。功能模块共有 18 种模块，是组成程序流程图的最小单元，在使用时，只要

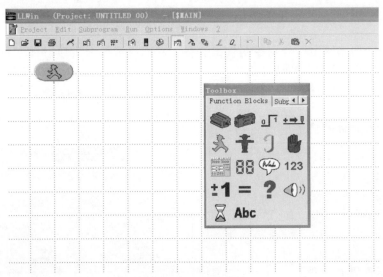

附图 6-8　工作界面

将选择的模块拖入程序中即可。工具箱各子模块如附图 6-10～附图 6-28 所示。

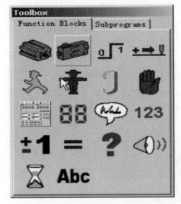

附图 6-9　工具箱（Toolbox）模块

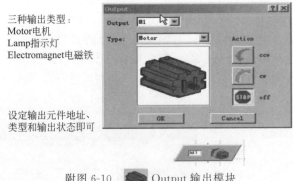

三种输出类型：
Motor电机
Lamp指示灯
Electromagnet电磁铁

设定输出元件地址、
类型和输出状态即可

附图 6-10　Output 输出模块

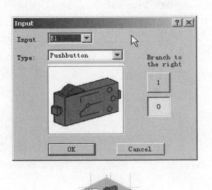

三种输入类型：
Pushbutton限位开关
Phototransistor光电三极管
Reed contact磁性开关

设定输入元件地址、
类型和初始状态即可

附图 6-11　Input 输入模块

感应数字输入量0→1
或者1→0的跳变

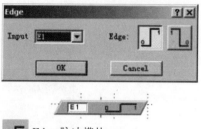

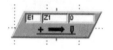

附图 6-12 　Edge 脉冲模块

对数字输入量的脉冲
次数进行计数，并与
设定值相比较，当计
数值达到设定值，流
程继续执行

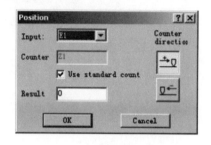

附图 6-13 　Position 定位模块

流程图总是以开始模块开头，以
结束模块结尾(除了循环流程)

附图 6-14 　Start 开始模块和　End 结束模块

每个程序只能用一个

放在程序表面，不与
其他模块相连

满足对话框条件，程
序从头执行

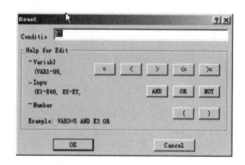

附图 6-15 　Reset 复位模块

每个程序只能用一个

放在程序表面，不与
其他模块相连

满足对话框条件，禁
止接口板上所有输出
端口

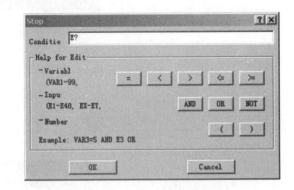

附图 6-16 Emergency Stop 急停模块

每个程序只能用一个

放在程序表面，不与其
他模块相连

在程序运行时，用于显
示和输入特定值

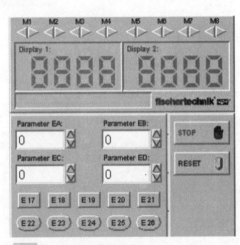

附图 6-17 Terminal 终端模块

确定终端模块中两
个显示窗口中显示
的数据、变量、模
拟输入量EX、EY
或EA～ED

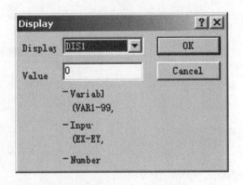

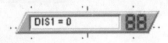

附图 6-18 Display 显示模块

确定终端模块中两
个显示窗口中显示
字符信息

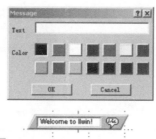

最长17个字符

设置信息显示时的
颜色

附图 6-19 Message 信息模块

在Online模式下，可以显示变
量的当前值

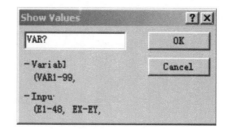

除了变量之外，数字量、模
拟量和参数EA～ED的值都
能显示

放在程序表面，不与其他模
块相连

附图 6-20 123 Show values 显示值模块

能给变量值加1或减1

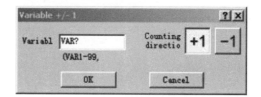

设定计数的方向

附图 6-21 ±1 Variable＋/－1 变量＋/－1 模块

可以对VAR1～VAR99及
Z1～Z16赋值

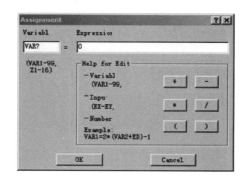

方程式最长34个字符

附图 6-22 ＝ Assignment 赋值模块

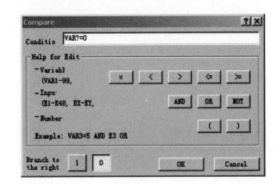

分支向右或向下，由是否
满足条件决定

数字"1"代表条件满足，
"0"代表条件不满足

方程式最长40个字符

附图 6-23 Compare 比较模块

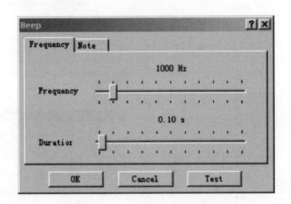

通过PC扬声器发
出声音信号

音量大小、持续时
间、音频、音调等
都可以在对话框中
设定

附图 6-24 Beep 发声模块

流程到达延时模块时开
始延迟，输入的延时时
间过后，流程继续

有效的最长延时为
999.99s

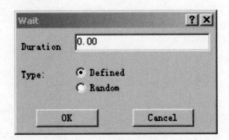

附图 6-25 Wait 延时模块

文本模块内
输入的内容
可作为程序
注释放在工
作簿的任何
地方

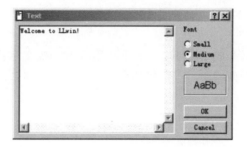

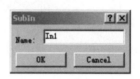

附图 6-26 **Abc** Text 文本模块

子程序入口模块用于建立程
序与子程序起始端的联系

子程序出口模块用于建立程
序与子程序终端的联系

附图 6-27 ☑ Subin 子程序入口模块和 ☑ Subout 子程序出口模块

子程序编辑完
之后,打开
**Subprogram-
Design**菜单,
在子程序图标
上代表**Subin**
和**Subout**的圆
圈,即可完成
**子、主程序的
连接**

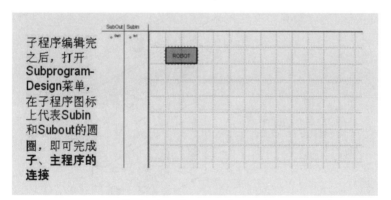

附图 6-28 主、子程序的连接

附录七 机械方案创意设计模拟实施实验仪使用说明书

本实验仪为组合可调式,它能够组装低副多杆机构,也能够组装齿轮齿条机构、蜗杆蜗轮机构、凸轮机构、带传动机构和槽轮机构这五类高副机构,还能够组装高、低副组合机构。本实验仪包含一套具有特定形状结构和连接关系的非标准零部件。

1. 机架组件

(1) 机架框

机架组件展开成为附图 7-1 所示待用状态,按文字提示进行操作,可在 0°~90°范围内调整并固定机架框的倾角。当机架框转动到与水平面之间的倾角为 0°时,就是收存状态。

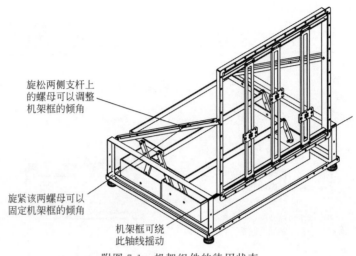

旋松两侧支杆上的螺母可以调整机架框的倾角

旋紧该两螺母可以固定机架框的倾角

机架框可绕此轴线摇动

附图 7-1　机架组件的待用状态

(2) 二自由度调整定位基板(导轨基板组件)

附图 7-2 所示为安装在机架框内的二自由度导轨基板组件。旋松或拧紧六角螺钉则可移动或固定纵向导轨(注意不可误拧固定滚轮的六角螺母)。

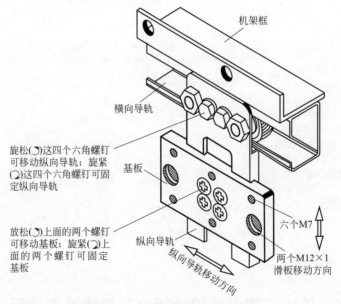

机架框

横向导轨

旋松(↻)这四个六角螺钉可移动纵向导轨;旋紧(↺)这四个六角螺钉可固定纵向导轨

基板

放松(↻)上面的两个螺钉可移动基板;旋紧(↺)上面的两个螺钉可固定基板

纵向导轨

纵向导轨移动方向

六个M7

两个M12×1
滑板移动方向

附图 7-2　二自由度导轨基板组件

旋松或拧紧基板上的四个沉头螺钉中的上面两个,可以移动或固定基板(注意四个沉头螺钉中的下面两个起连接作用,一般情况下不要旋松)。

基板上的两个 M12×1 螺孔用于安装主动定铰链,六个 M7 螺孔可以安装支承基座(用来安装连架杆、副），也可以直接安装从动铰链或蜗杆组件。

（3）机架上的基准平面

本实验仪的基板平面与机架框平面为同一个平面，称为基准平面。

2. 组成低副和低副构件的零部件

（1）机架与连架杆、副之间的连接件——支承

平面机构的各个杆件在相互平行的平面内运动，为了避免在运动中相互交错的构件发生相互干涉和碰撞，必须合理安排各个构件所在的层面。

针对使用中构件层面布置的各种情况，如附图 7-3 所示，有四种支承可供选用（四种支承的共同之处在于它们的外螺纹都是 M7）。

1 号支承和 2 号支承的大端内螺孔为 M5；3 号支承和 4 号支承的大端内螺孔为 M7；1 号支承和 3 号支承的大端轴向长度为 S；2 号支承和 4 号支承的大端轴向长度为 $2S$。

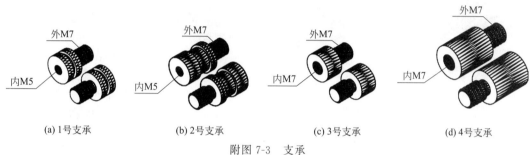

(a) 1号支承　　　　(b) 2号支承　　　　(c) 3号支承　　　　(d) 4号支承

附图 7-3　支承

（2）构件杆和垫块

构件杆最短的长度为 33mm，最长的长度为 423mm，长度增量为 10mm，共有系列化的 40 种长度。杆上还具有若干个宽度为 5mm 的长孔，便于活动铰链或杆接头在其上的安装固定和位置调整。

（3）垫块、偏心滑块和带铰滑块

附图 7-4 所示为垫块，具有与构件杆相同的 10mm×5mm 的矩形横截面和一个宽度为 5mm 的长孔，组装复杂构件或安排杆件层面时用作辅助零件。

如附图 7-5 所示，滑块体内部四角装有可以转动的四个滚子，构成滚动接触式导路孔，两个 M5 内螺纹用于锁定构件杆或固连齿条组件。

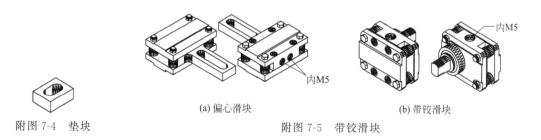

附图 7-4　垫块　　　(a) 偏心滑块　　　　　　(b) 带铰滑块

附图 7-5　带铰滑块

（4）主动定铰链（部件）

如附图 7-6 所示，其输出端带有平键，备有长度为 S、$2S$ 和 $3S$ 三种规格的带键轴头，轴头端面有 M4 螺孔可用于轴上零件的轴向固定。将三种长度的轴头的主动定铰链分别称为主动定铰链 1、2 和 3。

(a) 主动定铰链1　　　(b) 主动定铰链2　　　(c) 主动定铰链3

附图 7-6　主动定铰链

（5）从动定铰链（部件）

附图 7-7 所示的从动定铰链备有长度为 2S 和 3S 的两种规格的带键轴头，轴头端面有 M4 螺孔可用于轴上零件的轴向固定。将两种长度的轴头的从动定铰链分别称为从动定铰链 2 和 3。

（6）活动铰链、铰链螺母、铰链螺钉和小帽铰链螺钉

附图 7-8 所示分别为活动铰链、铰链螺母、铰链螺钉和小帽铰链螺钉。它们具有相同形状参数的扁形截面 M7 外螺纹；当铰链螺钉的钉帽会与其他零件相碰时，可用小帽铰链螺钉代替。

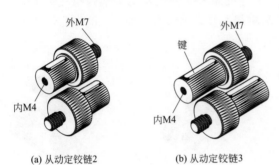

(a) 从动定铰链2　　　(b) 从动定铰链3

附图 7-7　从动定铰链

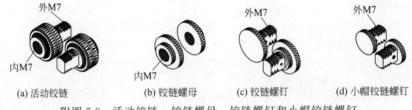

(a) 活动铰链　　　(b) 铰链螺母　　　(c) 铰链螺钉　　　(d) 小帽铰链螺钉

附图 7-8　活动铰链、铰链螺母、铰链螺钉和小帽铰链螺钉

（7）套筒轴组件

附图 7-9 所示的套筒轴组件是由长度为 2S 和 3S 的两种规格的带键套筒和与之相配的从动轴以及挡片和 M4 螺钉组成的可拆部件，分别称为套筒轴组件 2 和 3。

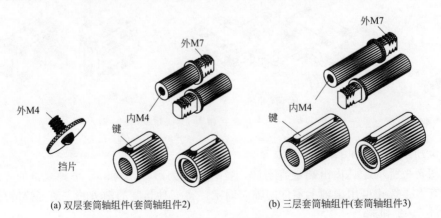

(a) 双层套筒轴组件(套筒轴组件2)　　　(b) 三层套筒轴组件(套筒轴组件3)

附图 7-9　套筒轴组件

（8）杆接头

附图 7-10 所示的八种杆接头可以与加长铰链螺钉、构件杆和垫块组合，进行不共线多铰链杆的组装。

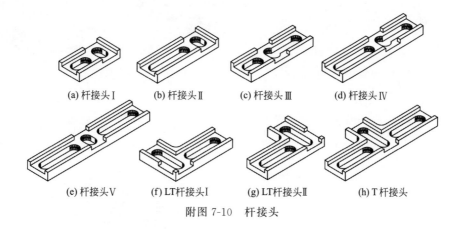

(a) 杆接头 I   (b) 杆接头 II   (c) 杆接头 III   (d) 杆接头 IV

(e) 杆接头 V   (f) LT杆接头 I   (g) LT杆接头 II   (h) T 杆接头

附图 7-10 杆接头

3. 组成低副的连接方法

（1）轴线固定的主动铰链的安装使用

如附图 7-11 所示，将主动定铰链的铰链套的 M12×1 外螺纹旋入滑板上的 M12×1 螺孔。

（2）轴线固定的从动铰链的安装使用

① 用从动定铰链：将从动定铰链的铰链套的 M7 外螺纹旋入滑板上的 M7 螺孔，如附图 7-12 所示。

附图 7-11 轴线固定的主动铰链   附图 7-12 用从动定铰链作轴线固定的从动铰链

② 用活动铰链：方法一，如附图 7-13（a）～（d）所示；方法二，如附图 7-13（e）、（f）所示。

③ 用套筒轴组件：如附图 7-14 所示，将套筒轴组件的从动轴的扁形截面 M7 外螺纹伸过固定导路杆的长孔后与铰链螺母的 M7 螺孔旋紧，将从动轴固连在固定导路杆上，然后将带键套筒装在从动轴上。

（3）从动活动铰链、复合铰链、隔层铰链

① 从动活动铰链如附图 7-15 所示。

② 复合铰链如附图 7-16 所示。

③ 为了避免杆件干涉，有时需要铰链连接的两根杆件不在相邻的层面内，而在隔开的层面内。隔层铰链如附图 7-17 所示。

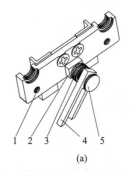

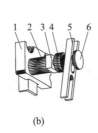

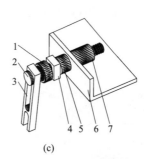

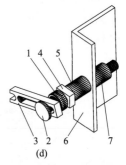

(a)

(b)

(c)

(d)

1—基板；2—垫块；3—活动
铰链；4—构件杆；5—铰链螺
钉或小帽铰链螺钉

1—基板；2—4号或3号支承；
3—垫块；4—活动铰链；
5—构件杆；6—铰链螺钉

1—活动铰链；2—小帽铰链
螺钉；3—构件杆；4—垫块；
5—3号支承；6—机架框；
7—4号支承(作螺母)

1—活动铰链；2—铰链螺钉；
3—构件杆；4—垫块；
5—4号支承；6—机架框；
7—3号支承

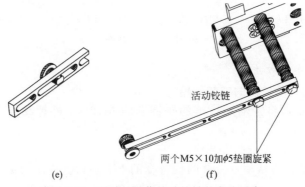

活动铰链

两个M5×10加ϕ5垫圈旋紧

(e)

(f)

附图 7-13　活动铰链作从动铰链的方法示意

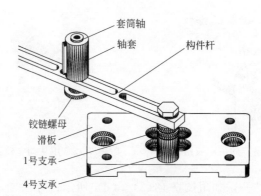

套筒轴

轴套

构件杆

铰链螺母

滑板

1号支承

4号支承

附图 7-14　用套筒轴组件作轴线固定的从动铰链

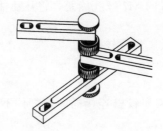

附图 7-15　从动活动铰链

附图 7-16　复合铰链

附图 7-17　隔层铰链

（4）轴线运动低副

附图 7-18 所示为轴线运动的移动副和复合低副。

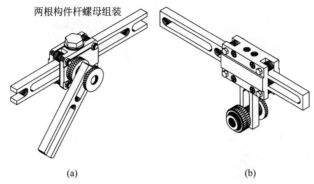

两根构件杆螺母组装

(a)   (b)

附图 7-18 轴线运动的移动副和复合低副

（5）连架转杆

附图 7-19 所示的曲柄杆，将曲柄杆的带键槽的孔如附图 7-20 所示套装在主动铰链的带键轴头上，再用螺钉挡片作轴向定位，就成为主动的第一类转杆。

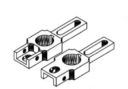

附图 7-19 曲柄杆

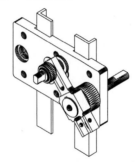

附图 7-20 曲柄杆安装在主动铰链上

4．组成高副的连接方法

（1）齿轮齿条机构

齿轮的齿数共有 11 种，齿数分别为 20、25、30、35、40、45、50、55、60、65 和 70，模数都是 1.5mm；各个齿轮的轮毂宽度都是 8mm，约等于单位层面间距 S；齿宽都是 6mm；安装孔都是直径 $\phi13$mm 的基准孔，都有宽度为 3mm 的内键槽。

附图 7-21 示出了齿条组件的外形结构。齿条的模数也是 1.5mm。齿条组件内装有齿条螺钉，齿条螺钉的螺杆穿过齿条组件的实体伸出一段外螺纹。

齿轮齿条的安装如附图 7-22 所示。

（2）蜗杆蜗轮机构

蜗杆和蜗轮是正常齿渐开线标准蜗杆和蜗轮，模数都是 1.5mm，蜗杆为单头，蜗轮配置 20、25、30 和 35 四种齿数。

蜗杆的安装如附图 7-23 所示，蜗轮的安装方法与齿轮相同。

（3）凸轮机构

凸轮和推杆的组装、安装如附图 7-24～附图 7-26 所示。

（4）带传动机构

本实验仪配置两种直径的带轮和五种长度的 $\phi3$mm 圆带。带轮的安装方法与齿轮相同，如附图 7-27 所示。

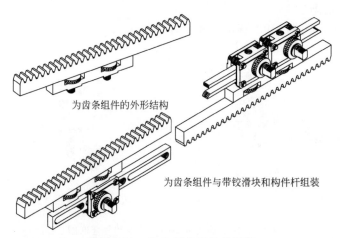

为齿条组件的外形结构

为齿条组件与带铰滑块和构件杆组装

附图 7-21 齿条-滑块组件的组装

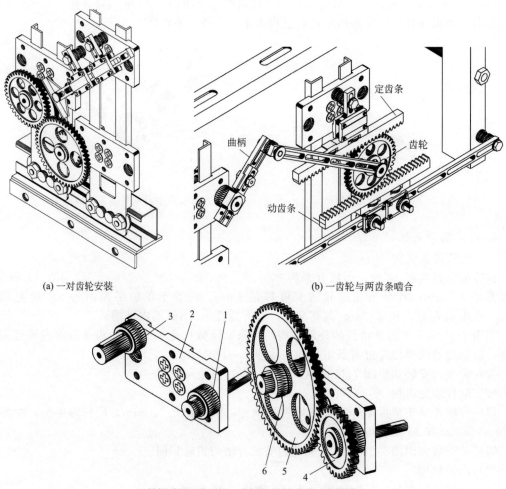

(a) 一对齿轮安装

(b) 一齿轮与两齿条啮合

定齿条

曲柄

齿轮

动齿条

(c) 特例:齿数和为95的一对齿轮可以安装在一块基板上

1—单层主动定铰链；2—基板；3—三层从动定铰链；4—齿数为30齿轮；5—齿数为65齿轮；6—套筒

附图 7-22 齿轮齿条的安装

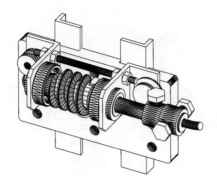

附图 7-23　蜗杆安装在基板上

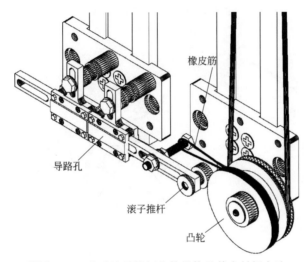

附图 7-24　移动滚子推杆凸轮机构及其力封闭方法

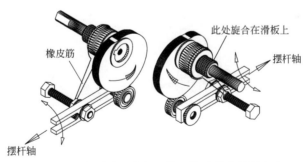

附图 7-25　摆动滚子推杆凸轮机构及其力封闭方法
本图未画出作摆杆轴的活动铰链

（5）槽轮机构

拨盘-槽轮组装如附图 7-28 所示。本实验仪配置带有两个转销的拨盘和具有四个槽的槽轮。

5. 电机组件的安装

电机组件的安装方式如附图 7-29 和附图 7-30 所示。

6. 电机驱动控制

电机驱动控制如附图 7-31 所示。

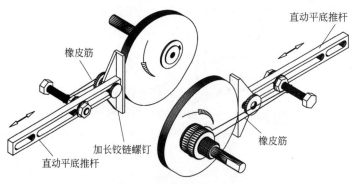

附图 7-26　移动平底推杆凸轮机构及其力封闭方法

本图未画出作推杆导路的偏心滑块

附图 7-27　带传动

附图 7-28　拨盘-槽轮组装

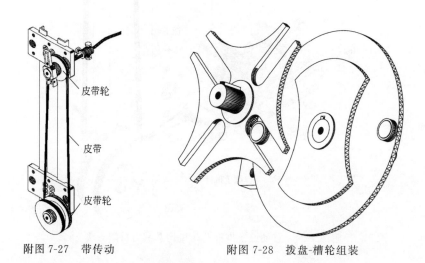

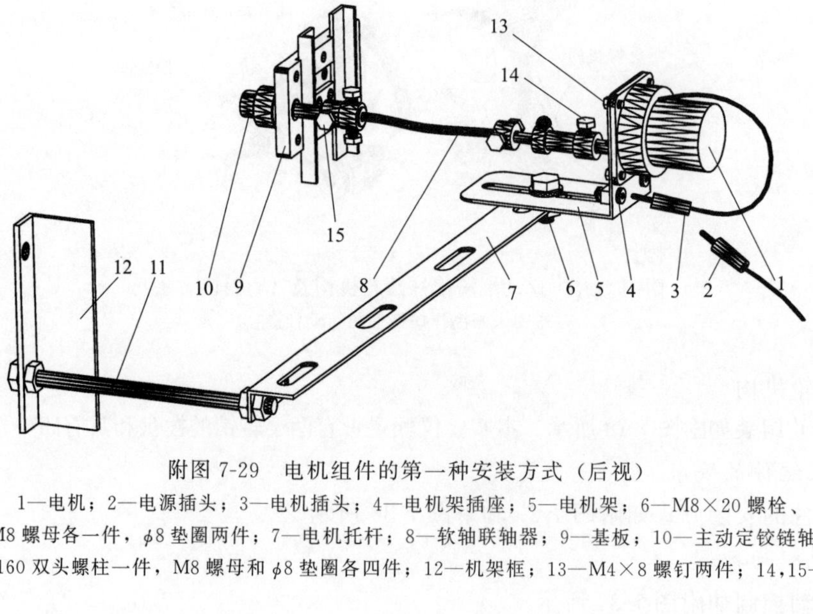

附图 7-29　电机组件的第一种安装方式（后视）

1—电机；2—电源插头；3—电机插头；4—电机架插座；5—电机架；6—M8×20 螺栓、
M8 螺母各一件，ϕ8 垫圈两件；7—电机托杆；8—软轴联轴器；9—基板；10—主动定铰链轴；
11—M8×160 双头螺柱一件，M8 螺母和 ϕ8 垫圈各四件；12—机架框；13—M4×8 螺钉两件；14,15—固轴螺钉

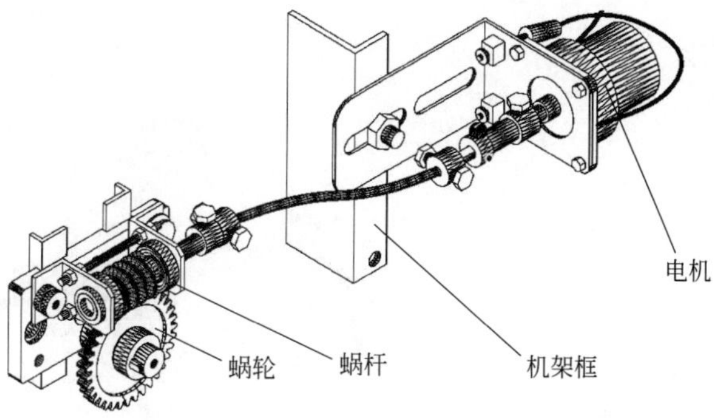

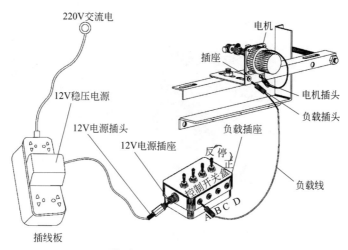

电机

电机插头

负载插头

蜗轮　蜗杆　　机架框

附图 7-30　电机组件的第二种安装方式

220V交流电

电机

插座

12V稳压电源

电机插头

12V电源插头

负载插头

12V电源插座

负载插座

反停正

负载线

控制开关盒
A B C D

插线板

附图 7-31　电机驱动控制

7. 气缸组件的安装

气缸组件的安装如附图 7-32 所示。

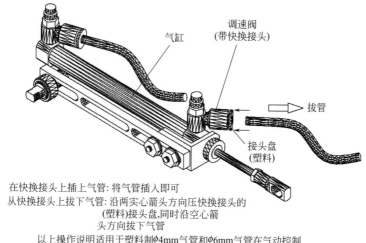

气缸

调速阀
(带快换接头)

拔管

接头盘
(塑料)

在快换接头上插上气管: 将气管插入即可
从快换接头上拔下气管: 沿两实心箭头方向压快换接头的
　　　　　　　　　(塑料)接头盘,同时沿空心箭
　　　　　　　　　头方向拔下气管
以上操作说明适用于塑料制φ4mm气管和φ6mm气管在气动控制
组件和压缩机气管接头上的装、拆

附图 7-32　气缸组件的安装

8. 气缸驱动控制

气缸驱动控制如附图 7-33 所示。

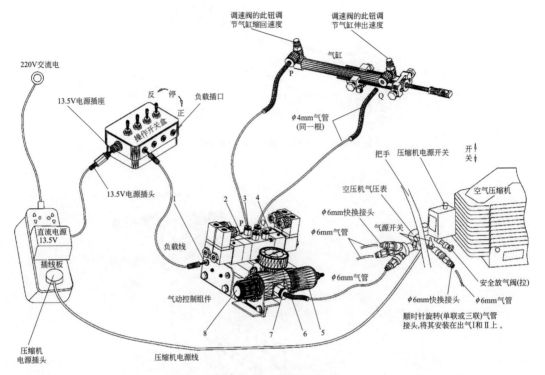

附图 7-33　气缸驱动控制

1—负载插口（2个，分别与2个电磁阀对应）；2—三位五通电磁阀（2个）；3—φ4mm气管快换接头（2×3＝6个）；

4—手动单端气开关；5—过滤减压二联件；6—工作气压表（调至0.4～0.5MPa）；

7—φ6mm进气管快换接头；8—工作气压调节旋钮（需向外拔才可转动）

参 考 文 献

[1] 徐红兵，王亚元，杨建风．几何量公差与检测实验指导书［M］．北京：化学工业出版社，2012.

[2] 甘永立．几何量公差与检测实验指导书［M］．上海：上海科学技术出版社，2014.

[3] 郭连湘．公差配合与技术测量实验指导书［M］．北京：化学工业出版社，2004.

[4] 赵熙萍，周海．机械精度设计与检测基础实验指导书［M］．哈尔滨：哈尔滨工业大学出版社，2008.

[5] 中国标准出版社，全国齿轮标准化技术委员会．中国机械工业标准汇编：齿轮与齿轮传动卷（上）［M］．北京：中国标准出版社，2004.

[6] 姜江，陈鹭滨，耿贵立，等．机械工程材料实验教程［M］．哈尔滨：哈尔滨工业大学出版社，2003.

[7] 史美堂，柏斯森，等．金属材料及热处理习题集与实验指导书［M］．上海：上海科学技术出版社，1983.

[8] 葛春霖，盖雨聆．机械工程材料及材料成型技术基础实验指导书［M］．北京：冶金工业出版社，2001.

[9] 王冬．材料成形及机械加工工艺基础实验［M］．哈尔滨：哈尔滨工程大学出版社，2003.

[10] 李炯辉．金属材料金相图谱［M］．北京：机械工业出版社，2006.

[11] 第一机械工业部上海材料研究所，上海工具厂．工具钢金相图谱［M］．北京：机械工业出版社，1979.

[12] 程建辉，孙家林．机械设计基础实验指导［M］．长春：吉林科学技术出版社，2003.

[13] 蒯苏苏，周链．机械原理与机械设计实验指导书［M］．北京：化学工业出版社，2007.

[14] 程建辉．机械原理与机械设计实验［M］．北京：地震出版社，2001.

[15] 陈立德．机械设计基础课程设计指导书［M］．5 版．北京：高等教育出版社，2019.

[16] 孙桓，葛文杰．机械原理［M］．9 版．北京：高等教育出版社，2021.

[17] 濮良贵，陈国定，吴立言．机械设计［M］．10 版．北京：高等教育出版社，2019.

[18] 周渭．测试与计量技术基础［M］．西安：西安电子科技大学出版社，2004.

[19] 金增平．机械基础实验［M］．北京：化学工业出版社，2013.

[20] GB/T 6397—1986 ［S］.

[21] GB/T 228—2002 ［S］.

[22] GB/T 7314—2017 ［S］.

[23] GB/T 232—2010 ［S］.

[24] GB/T 231.1—2018 ［S］.

[25] GB/T 10128—2007 ［S］.

[26] 刘杰．机械基础实验：机械设计基础实验分册［M］．西安：西北工业大学出版社，2010.